ÉPHÉMÉRIDES NATURELLES

ÉPHÉMÉRIDES NATURELLES

DU PAYS MESSIN

PAR LE R. P. BACH, S. J.

De l'école Saint-Clément

> Le ciel est comme le livre de Dieu ; il l'a placé devant toi pour que tu y lises ses œuvres merveilleuses et que tu connaisses les saisons, les heures, les jours, les mois et les années. *Paradis perdu*, *L. VIII*.

METZ

Imprimerie de **V. MALINE**, rue Cour-de-Ranzières

1867

I.

Malgré le plaisir que l'on trouve ordinairement à lire des éphémérides purement historiques, il faut avouer que le nombre des dates intéressantes qu'elles peuvent nous indiquer est nécessairement bien restreint, et que tout s'y borne à de vagues souvenirs, qui n'ont pas toujours le privilége de piquer notre curiosité.

Les *Ephémérides naturelles* ont quelque chose de plus à nous donner. Ce n'est pas seulement un fait plus ou moins important qu'elles nous signalent, ce sont de nombreux phénomènes dont le retour périodique est digne d'attention à plus d'un titre. Les astres, l'atmo-sphère, les plantes, les animaux, tout, dans le monde physique, est soumis aux lois de la périodicité, et jour par jour, il y a, dans le spectacle de la nature, des scènes infiniment variées, qui ne peuvent laisser personne dans l'indifférence. Ceux même qui sont étrangers aux sciences trouvent dans ce retour un vif intérêt ; ils n'ont besoin que d'en être avertis.

Aussi les *Ephémérides naturelles* n'eussent-elles d'autre mérite que d'attirer l'attention sur les phénomènes qui varient successivement la scène du monde, elles auraient déjà, sous ce rapport, une certaine importance. Mais à ce plaisir qu'elles procurent se joint un but plus relevé et plus utile ; car les diverses branches des sciences physiques se nourrissent de découvertes, et notre siècle, où les sciences d'observation prennent une si belle place, donne aux *Ephémérides naturelles* une véritable actualité. Inscrire les observations déjà faites, en provoquer de nouvelles pour rectifier et compléter les premières, comparer les années et les pays, afin d'en venir, par un ensemble bien constaté, à la connaissance des lois qui régissent le monde, voilà la science qui s'organise et qui demande un vaste concours. Les *Ephémérides naturelles* peuvent y contribuer puissamment, et, pour obtenir ce but, plusieurs sciences nous apportent, jour par jour, leur tribut spécial.

L'*Astronomie* nous indique le lever et le coucher des astres, les phases de la lune, les révolutions des planètes, etc. C'est la classe de phénomènes la plus satisfaisante, à cause de l'admirable constance des lois cosmiques.

La *Météorologie* nous signale tout ce qui tient à l'état de l'atmosphère, les variations du thermomètre et du baromètre, la direction des vents, les jours de pluie, d'orage, etc. Depuis longtemps l'Académie des sciences de Paris donne, dans ses Mémoires, des tableaux météorologiques pour chaque mois et pour tous les jours de l'année. Elle a été imitée par toutes les Académies de province. Depuis 1829, notre savante Académie messine a pris la louable coutume d'insérer aussi dans ses Mémoires des tableaux météorologiques.

La *Botanique*, à son tour, nous donne les époques de la feuillaison, de la floraison, de la fructification et de la défeuillaison des plantes, soit indigènes, soit cultivées. C'est le côté principal, et quelquefois le plus intéressant, de ce qu'on appelle *Phénomènes périodiques*, et c'est là-dessus qu'on attend surtout les observations des éphémérides. Cette manière d'étudier les plantes a pris beaucoup d'extension, depuis le signal donné à l'Observatoire de Bruxelles, par M. Quételet. Plusieurs villes de France et de Belgique ont répondu à son appel. En 1847, notre Société des sciences naturelles, sur la proposition d'un de ses membres, appela aussi l'attention sur ce sujet, et même, pour faciliter les recherches, elle avait dressé un tableau où étaient marquées les plantes principales qu'il fallait observer. Cet appel, qui alors n'a guère été entendu, est répété aujourd'hui plus hautement, et il est accueilli, ce me semble, avec plus de faveur. C'est ce qui doit encourager ceux qui ont fait des observations suivies à en faire de nouvelles, comme à enregistrer les anciennes.

Enfin, la *Zoologie* signale aux observateurs les migrations des oiseaux, leur passage vernal ou automnal, les métamorphoses des insectes, et les autres phénomènes du règne animal qui arrivent périodiquement.

Tel est l'objet multiple des éphémérides naturelles.

Combien d'observations à faire ! Combien de faits à vérifier ! Combien de comparaisons à établir, avant de
parvenir à des lois générales ! Un temps viendra, sans
doute, où les observations réunies d'un grand nombre
formeront un ensemble dont il sera possible d'harmo-
niser les parties, de manière que les phénomènes périodiques mériteront le nom de science.

On voit, d'après cela, que les *Ephémérides naturelles*
ne sont pas un simple objet de curiosité. Les faits
qu'elles signalent entrent dans la masse des observations
scientifiques. Chaque homme apporte à son pays, chaque pays à l'univers, le tribut de ses recherches, et
ainsi se complètent l'histoire de l'homme et celle de sa
demeure passagère.

II.

Septembre 23-30.

1. *Observations astronomiques.* — Suivant l'ancienne manière de parler, l'équinoxe d'automne est le moment de l'entrée du soleil dans le signe de la Balance. Cette définition était exacte du temps d'Hipparque, il y a deux mille ans. Aujourd'hui que le soleil a rétrogradé de toute la valeur d'un signe du zodiaque, on devrait, semble-t-il, se conformer dans le langage à la vraie position du soleil. Mais l'usage a prévalu de conserver l'ancienne désignation.

Cette année 1866, le moment vrai de l'équinoxe a été le 23 septembre, à 6 h. 59 m. du matin, temps moyen de Paris.

*Ephémérides solaires et lunaires pour le méridien
de Metz.*

SOLEIL.			LUNE.		
JOURS.	Lever.	Coucher.	JOURS.	Lever.	Coucher.
23 dim.	5 h. 34 m.	5 h. 40 m.	15	5ʰ 10ᵐ s.	3ʰ 58ᵐ m.
24 lun.	5 35	5 38	16	5 41	5 12
25 mar.	5 37	5 36	17	6 13	6 27
26 mer.	5 38	5 34	18	6 48	7 43
27 jeu.	5 40	5 32	19	7 26	8 58
28 ven.	5 41	5 29	20	8 11	10 12
29 sam.	5 42	5 27	21	8 58	11 22
30 dim.	5 44	5 25	22	9 54	0 25ᵐ s.

Le méridien de Metz (flèche de la cathédrale) est de
15 minutes 22 secondes plus à l'est que l'observatoire
de Paris ; mais dans les calculs ordinaires on néglige
les secondes.

L'égalité du jour et de la nuit est le caractère propre
de l'équinoxe, comme son nom l'indique ; mais cette
égalité n'existe qu'un seul jour, le 23, où le soleil est
à 0' de déclinaison ; c'est le temps astronomique, et no-
tez bien que dans le temps civil nous n'avons véritable-
ment l'égalité que le 25. Le lendemain, le jour décroît
de 3 minutes, le soleil se lève 1 minute plus tard, et se
couche 2 minutes plus tôt.

La Pleine Lune est le 24 à 2 heures du soir : le 3ᵉ
octant a lieu du 27 au 28, point lunaire remarquable,
comme nous le verrons.

———

2. *Observations météorologiques.* — Le premier effet
du décroissement des jours est l'abaissement de la tem-

pérature. Un calcul fait d'après une vingtaine d'années comparées nous a donné, pour le jour de l'équinoxe, une moyenne de 17 degrés 85 centièmes ; c'est à peu près ce que nous avons vu cette année-ci. Désormais la température doit baisser graduellement et nous amener les frimas. On connaît ce proverbe populaire :

A la Saint-Michel,
La chaleur remonte au ciel.

Ne nous attristons pas de voir que le soleil s'éloigne de nous ; c'est pour que les peuples de l'autre hémisphère puissent jouir à leur tour des bienfaits de sa chaleur. Quelquefois on est tenté de regretter ces temps fabuleux de l'âge d'or, où régnait un printemps perpétuel. Ne nous y trompons pas. Si nos climats jouissaient toujours de la douce température d'avril ou de mai, ce serait une calamité. L'Européen n'y gagnerait rien pour les nécessités de la vie, et il aurait beaucoup à y perdre. Il ne serait pas affligé, il est vrai, par les rigueurs de l'hiver, mais il serait privé des avantages de l'été. La plupart des plantes ne pouvant parvenir à leur maturité, ses jardins n'auraient que des fleurs sans fruits. Point de moissons, point de récoltes, point de vendanges ; à quoi donc aboutirait ce privilége ? A mourir de faim sur un lit de roses ? La nature a mieux pourvu aux besoins de notre globe, en favorisant alternativement les deux hémisphères.

On peut dire que, dans nos climats, l'automne doit être regardé comme la plus belle saison de l'année : la première moitié au moins jouit d'une température assez douce, et souvent le ciel y est plus serein que pendant l'été. Quand l'été a été maussade, c'est alors que la beauté des jours de l'automne est plus précieuse. Espérons.

En 1847, année qui correspond à 1866, dans le cycle lunaire de 19 ans, après un été assez triste, tout le mois de septembre a été pluvieux ou nuageux, les vents d'ouest et de sud-ouest ont régné presque tous les jours. Le vent du nord n'a commencé définitivement à souffler qu'au 3ᵉ octant de la lune, et, le 28, il y eut une petite gelée blanche.

Nous avons, cette année, une révolution pareille, et, le 27, l'atmosphère semble s'être enfin réconciliée avec la terre. Les beaux jours continueront-ils à nous consoler? Nous avons pour le penser l'année 1847, où le mois d'octobre a été très-beau.

3. — *Observations botaniques.* — A dater de l'équinoxe commence un véritable changement de décoration dans la nature, et au brillant des plantes estivales va succéder une teinte plus sévère. Les campagnes, il est vrai, n'ont pas encore perdu toute leur parure; elles sont encore ornées de vipérines, de mauves, de tanaisies et d'armoises; on distingue sur les murailles les étoiles d'or des orpins et des joubardes, et ce n'est pas sans intérêt qu'on voit des fruits rouges succéder aux fleurs blanches des haies et des broussailles. Mais de toutes parts les fleurs se flétrissent et tombent pour faire place aux fruits, et en achevant de payer son tribut, la terre se couvre de feuilles jaunissantes et de tiges desséchées. Une seule plante spontanée paraît à la fin de septembre et quelquefois plus tôt dans les prairies: c'est le col-

chique d'automne, dont les fruits ne seront mûrs qu'au printemps, et dont les pétales, d'un beau violet, rappellent le safran cultivé, mais qui annonce, comme son nom l'indique, l'arrivée de l'automne.

C'est dans les jardins d'agrément que l'on s'aperçoit moins du changement, et grâce aux industries de l'horticulture, le changement lui-même n'est pas sans jouissance. Les plantes automnales, distribuées avec art, prennent place au milieu des bouquets de l'été. Ainsi avec les balsamines et les amaranthes, les coreopsis et les dahlias, les œillets d'Inde et plusieurs glayeuls, qui continuent à développer leurs brillantes corolles, nous avons, cette semaine, en pleine terre, les nombreuses variétés de reines-marguerites, de fuchsias, de phlox et de verveines, sans compter les espèces annuelles que le jardinier a eu soin de ne semer qu'au mois de juin. Vers la fin de septembre fleurit *l'amaryllis lutea* ; à cause de cette date, les jardiniers l'ont appelé Lis de saint Jérôme.

Quelquefois on représente l'automne couronné de pampres. En effet, son tribut principal, pour plusieurs coteaux, c'est le fruit de la vigne. Mais dans notre climat, rarement l'ouverture des vendanges a lieu avant le mois d'octobre. On peut seulement citer quelques années privilégiées : 1818, 1825, 1834. Quelques-unes même ont eu cet avantage avant l'équinoxe : 1811, 1842, 1846.

---

4. — *Observations zoologiques.* — Le phénomène le plus digne d'attention, à l'automne, c'est sans contredit,

dans le règne animal, la migration des oiseaux, et spécialement des oiseaux insectivores qui, à l'approche des froidures, prennent leur vol, quelquefois en troupes nombreuses, pour aller chercher des climats plus doux. Le départ des oiseaux est plus difficile à observer que leur arrivée. Néanmoins, il y a plusieurs dates bien constatées.

Vers l'équinoxe, départ de l'hirondelle de rivage, *hirundo riparia*, et avant la fin de septembre, départ de l'hirondelle de fenêtre, *hirundo urbica*. Le martinet n'attend pas le mois de septembre ; il disparaît dès les jours caniculaires.

Le rossignol et le coucou, qui sont arrivés ensemble vers le 10 avril, disparaissent aussi en même temps à la fin de septembre.

L'équinoxe est l'époque moyenne du passage automnal de plusieurs espèces bien connues et notamment de la grive chanteuse, *turdus musicus*.

Dès le commencement de septembre, les cailles nous quittent pour la Syrie et l'Afrique ; mais il en reste toujours quelques-unes jusqu'à la fin du mois, ou, pour mieux dire, jusqu'à ce qu'elles soient détruites par les chasseurs ou les oiseaux de proie.

L'ouverture de la chasse fait époque dans le calendrier du règne animal. Malheur aux bêtes fauves ! Que de lièvres, que de chevreuils, que de sangliers vont tomber sous les coups des Nemrods que le pays Messin renferme en si grand nombre !

III.

Octobre 1-7.

1. *Observations astronomiques.* — *Ephémérides solaires et lunaires pour le méridien de Metz.*

	SOLEIL.			LUNE	
JOURS.	Lever.	Coucher.	JOURS.	Lever.	Coucher.
1 lundi.	5 h. 45 m.	5 h. 23 m.	23	10^h S. 56^m	1^h S. 19^m
2 mar.	5 47	5 21	24	— —	2 5
3 merc.	5 48	5 19	25	0 M. 1	2 44
4 jeudi.	5 50	5 17	26	1 8	3 18
5 vend.	5 51	5 15	27	2 15	3 48
6 sam.	5 53	5 13	28	3 21	4 16
7 dim.	5 54	5 11	29	4 27	4 43

Dernier quartier le 1er, à 6 h. 3 m. du matin.

Dernier octant, du 4 au 5.

Aspect des planètes cette semaine :

Entre 6 et 7 h. du soir, lorsque le soleil étant couché ne laisse plus après lui qu'une faible lumière crépusculaire, on peut voir non loin de l'horizon, vers le midi, Vénus qui brille encore ; c'est l'étoile du soir dans le langage vulgaire. On sait que cette belle planète a des phases comme la lune. Quand on l'examine avec une lunette, après le coucher du soleil, on distingue les deux cornes du croissant. On les distingue même quelquefois dans un appartement, lorsqu'il est fermé par un volet : la lumière de la planète pénètre à travers une fissure, et la figure du croissant paraît nettement sur la muraille.

A la même heure, Jupiter brille au haut du ciel ; son passage au méridien est entre 7 et 8 heures du soir. On le remarque aisément à sa grandeur et à sa lumière argentine. Quant à Mars, il est facile aussi de le reconnaître à sa lueur rougeâtre ; mais, cette semaine, il se lève à 4 h. du matin et se couche à 4 h. du soir.

Saturne, qui est, comme Vénus, tout près de l'horizon, ne peut guère être distingué à l'œil nu. Tout au plus, si le ciel est sans vapeur, pourra-t-on le voir comme une petite étoile assez terne. Pour mieux l'observer et surtout pour distinguer ses anneaux et ses satellites, il faut recourir à une bonne lunette.

2. *Observations météorologiques.* — Pendant la première semaine d'octobre, la température devrait continuer à baisser d'une manière sensible. Néanmoins, s'il arrive que le vent du nord, chassant les nuages, nous permette de jouir de la lumière du soleil, nous pouvons

avoir une augmentation notable de chaleur. D'après la comparaison d'un grand nombre d'années, on peut dire que le maximum moyen de cette semaine est de 15° à 3 h. du soir.

Ordinairement les nuits deviennent froides et, le matin, la terre est parfois couverte de gelée blanche. L'époque moyenne des premières gelées blanches est du 1er au 7 octobre.

Un phénomène qui est à remarquer à cette même époque, ce sont des tempêtes subites et des coups de vent assez violents, comme si les premières rencontres du froid avec les couches encore tièdes de l'atmosphère étaient le moment d'une crise dans les airs. Ainsi, pour citer quelques années, en 1852, il y eut, pendant la nuit du 4 au 5 octobre, un vent très-violent qui causa quelques dégâts en ville et dans la campagne. En 1859, la bourrasque eut lieu le 7 ; en 1860, ce fut le 1er ; en 1861, ce fut le 3 ; en 1864, ce fut le 4. L'époque moyenne de ce premier des ouragans d'automne est le 4 octobre. Les habitants des bords de la mer le nomment *le coup de vent de saint François*, à cause de sa coïncidence avec la fête de ce saint. Quelques jours après, les annales maritimes ont toujours quelques sinistres à raconter.

Nos voisins de la Meurthe ont des preuves de cette coïncidence. Pour n'en citer qu'une, je lis dans le tableau météorologique de M. Simonin (*Mém. de la société des sciences... de Nancy*, 1849) qu'une des plus violentes tempêtes de l'année a été celle du 4 octobre. « Par l'impétuosité du vent, dit-il, des arbres ont été brisés et des pans de murailles abattus. »

3. *Observations botaniques.* — C'est à dater de cette semaine que toute la campagne commence à se revêtir d'une parure nouvelle, plus riche dans un sens que celle des saisons précédentes et qui mérite un peu d'attention. Comme pour remplacer les fleurs qui disparaissent et qui meurent tous les jours, les arbres des jardins et des forêts prennent diverses teintes : dans les peupliers, c'est le jaune ; dans les hêtres, le fauve ; dans les noyers, le brun ; dans les vignes, le rouge vif ; ce sont toutes les nuances, depuis le vert jusqu'au pourpre. Cette variété donne aux campagnes un aspect singulier, plus intéressant parfois que le vert pâle et uniforme du printemps. Aussi les scènes de l'automne sont-elles ordinairement les sujets favoris des peintres paysagistes.

Dans les jardins, continuation des plantes automnales. Les feuilles qui commencent à tomber au milieu des parterres n'en peuvent cacher les bouquets ; il semble que chaque famille de plantes ait voulu laisser des représentants pour l'automne : celle des iridées a des glaïeuls, celle des personées a des galanes, les labiées ont des sauges et des phlomis queue de lion, les solanées ont plusieurs espèces de *Datura* ; les polémoniées, des phlox ; les crucifères, des ibéris de Perse ; les cannées, le balisier ; les synanthérées surtout en ont un grand nombre : les dahlias en pleine floraison, plusieurs espèces d'astères et de zinnies et les chrysanthèmes des Indes et de la Chine.

Floraison du safran cultivé, *crocus sativus* ; ses fleurs purpurines sortent presque à fleur de terre ; c'est leur stigmate trifide qui donne le safran du commerce. Mais les jardiniers profitent de sa floraison tardive pour l'ornement des parterres.

Fructification d'un grand nombre de plantes. Les vergers nous donnent des fruits dont l'énumération serait trop longue. La maturité de quelques arbres non fruitiers doit avoir lieu cette semaine. Mentionnons l'érable sycomore, le fusain, le hêtre, le févier et le platane.

Mais c'est pour les vendanges, surtout, que cette semaine doit être considérée comme l'époque moyenne et pour ainsi dire normale. Avant cette semaine, les vendanges passent pour précoces ; après, elles sont tardives. Voici, depuis près d'un siècle, les jours de l'ouverture de quelques vendanges :

Le 1er octobre, en 1819, 1841, 1857, 1862.

Le 2, en 1804, 1826, 1827.

Le 3, en 1791, 1803, 1839.

Le 4, en 1790.

Le 5, en 1831, 1844.

Le 6, en 1808, 1840.

Le 7, en 1793, 1795, 1848, 1858, 1861.

4° *Observations zoologiques.* — On voit encore cette semaine quelques hirondelles ; mais c'est l'hirondelle rustique ou de cheminée.

Migration des pies-grièches, de la fauvette à tête noire et de la bergeronnette grise. Quant aux alouettes, quoiqu'elles ne disparaissent jamais entièrement de nos contrées, il semble qu'à l'automne il s'en fait des migrations partielles.

Continuation du passage automnal des grives. Quelquefois l'oiseleur trouve dans ses filets, au lieu de grive, un casse-noix, *corvus caryocatactes*, etc. Cet oiseau, qui habite les forêts montagneuses de l'Allemagne, paraît quelquefois dans notre département. On en a pris beaucoup dans les environs de Metz, au mois d'octobre, en 1835, 1846 et 1850.

Passage automnal des canards siffleurs, des sarcelles d'hiver et des canards sauvages ; les étourneaux et les geais, communs toute l'année, se réunissent en troupes plus nombreuses.

Les bécasses arrivent dès les premiers jours d'octobre. A leur arrivée, elles se jettent partout, sur les broussailles, et le long des haies et dans les bois, cherchant les vers de terre sous les feuilles tombées. Aux approches de la nuit, elles en sortent pour aller se désaltérer aux étangs, aux mares et aux ruisseaux ; après quoi elles regagnent les champs pour y verroter le reste de la nuit.

Ce serait un moment favorable pour les prendre ; mais les chasseurs attendent le mois de novembre, alors qu'elles commencent à devenir plus grasses.

Il faut en dire autant de la bécassine.

Les pélicans sont extrêmement rares dans notre département. Cependant il en a été tué un jeune, le 4 octobre 1835, sur l'étang de Fouligny, par M. Rolland.

IV.

Octobre 8 - 14.

1. *Observations astronomiques.* — Nous continuons
de donner les Ephémérides solaires et lunaires , calcu-
lées pour le méridien de Metz.

SOLEIL.			LUNE.		
JOURS.	Lever.	Coucher.	JOURS.	Lever.	Coucher.
8 lun.	5 h. 54 m.	5 h. 9 m.	29	5ʰ 31ᵐ m.	5ʰ 9ᵐ s.
9 mar.	5 55	5 7	1	6 34	5 30
10 mer.	5 57	5 5	2	7 36	6 5
11 jeu.	5 58	5 3	3	8 36	6 37
12 ven.	6 0	5 0	4	9 34	7 12
13 sam.	6 1	4 58	5	10 29	7 51
14 dim.	6 3	4 56	6	11 20	8 35

N. L. le 8 à 4 h. 53 m. du soir, et cette fois la conjonction cause ce jour-là une éclipse partielle de soleil. Nous avons pu l'observer à Metz à 4 heures et demie du soir jusqu'au coucher du soleil qui a eu lieu à 5 h. 9 m. en même temps que celui de la lune.

Le 1ᵉʳ octant, le 12.

Le dimanche 14, 6ᵉ jour de la lune, où le croissant commence à donner une lumière suffisante pour éclairer. C'est pour cette raison que les anciens Gaulois ne commençaient leurs assemblées en plein air que le sixième jour de la lune.

2. *Observations météorologiques.* — En 1847, la température a été chaude et très-belle depuis le 8 jusqu'au 14. Le baromètre s'est tenu assez élevé à 746°, et le thermomètre marquait 18° le 11 et 20° le 12, à 3 h. de l'après-midi. Mais, en même temps que la chaleur augmentait, le baromètre baissait : il descendit le 12 et le 13 jusqu'à 743, et le 14 il y eut un ciel couvert avec un vent humide de S.-O.

Les autres années, la température a été très-diverse. Ainsi le 11, en 1846, il y eut un orage à 7 h. du soir. Le 12, en 1860, après une température assez douce et quelques jours de pluie, les Messins virent, à leur grand étonnement, les pavés de la ville et les toits couverts de 4 à 5 centimètres de neige ; toutes les côtes des environs portaient les livrées de l'hiver. Et cela, la veille des vendanges et avant la coupe des avoines ! Dans bien des vergers, de grosses branches ont succombé sous le double poids de la neige et des fruits.

Le 13, en 1838, il y eut une gelée au moment où les vendanges n'étaient pas encore commencées.

Néanmoins, nous pouvons dire que les neiges et la gelée ne se montrent guère ici avant le mois de novembre.

———

3. *Observations botaniques.* — Dans les jardins, plus de floraisons nouvelles; on jouit seulement des plantes automnales, tant que les gelées ne sont pas venues.

Cependant, si la température est douce, la première quinzaine d'octobre est l'époque d'une seconde floraison pour plusieurs plantes printanières; sous les feuilles flétries qui jonchent les parterres et les pelouses, on est quelquefois agréablement surpris de voir s'épanouir de nouveau la saxifrage de Sibérie, la primevère, la petite pervenche et la *potentilla verna*. On voit aussi parfois fleurir la glycine de la Chine, *wistaria sinensis*, la coronille *Emerus*, le souci d'eau, *caltha palustris*, le coignassier du Japon, et beaucoup d'autres.

Avant le 12, c'est-à-dire avant l'époque où l'on pourrait craindre la gelée de la nuit, le jardinier rentre dans l'orangerie, avec les orangers qui lui ont donné leur nom, les plantes délicates qui périraient, si la température descendait au-dessous de zéro.

La première gelée dévaste les parterres, et d'ailleurs, indépendamment du froid, la plupart des plantes automnales ont à peu près payé leur dernier tribut. Il est une plante privilégiée, qui peut croître jusqu'à Noël dans les appartements : c'est la chrysanthème de la Chine, qui depuis quelque temps acquiert beaucoup de vogue.

Il n'est pas hors de propos de consigner ici, en passant, l'importance de ces fleurs dans leur pays natal. Des voyageurs nous assurent que dans le voisinage de Canton, de Shanghaï et de Ningpo, le goût des Chinois pour ces belles fleurs l'emporte peut-être sur le nôtre. Là elles sont l'objet d'une culture de prédilection, elles servent à décorer les appartements, les galeries, les cours et même les temples. « C'est, dit M. Fortune(1), la plante favorite de tout le monde ; elle fleurit aussi bien dans l'humble jardin du journalier que dans le riche parterre du mandarin à boutons bleus. » Il ajoute qu'il en a vu des pieds taillés en forme d'animaux, ici, par exemple, en cheval, ailleurs en cerf, d'autre part ce sont des imitations bizarres de pagodes. Avouons que ces caprices des Chinois prouvent la grande vogue de ces plantes plutôt que le bon goût des horticulteurs.

C'est au milieu d'octobre que la maturation des fruits et des racines se complète. Je laisse aux horticulteurs le soin de déterminer les jours et les semaines qui conviennent à la récolte des divers produits de la terre. Mais il faut dire encore un mot des vendanges. La chaleur qui survient parfois au commencement d'octobre justifie le retard de quelques années. Voici les années un peu tardives qui sont indiquées :

L'ouverture des vendanges a eu lieu le 8 octobre, en 1796 et 1801 ; le 9 , en 1797 et 1820 ; le 10, en 1810 et 1815 ; le 11, en 1792, 1809, 1813, 1830, 1852 ; le 12, en 1812 et 1814 ; le 13, en 1823, 1828, 1829 1832 et 1847, et le 14 en 1850. Remarquez

(1) *Gardener's Chronicle.*

1809, 1828 et 1847, les trois années qui correspondent à 1866.

---

4. *Observations zoologiques*. — C'est au commencement d'octobre que les perdreaux ont tout leur accroissement et qu'ils ont achevé de se vêtir de leur plumage moucheté ; de là le proverbe des chasseurs :

> A la saint Denis,
> Tous perdreaux sont perdrix.

Pour les bécasses il est un proverbe tout pareil :

> A la saint Denis ,
> Bécasses en tous pays.

C'est aussi l'arrivée assez ordinaire du canard sauvage, *anas boscha*, de la grue cendrée, *grus cinerea*, du héron commun, *ardea cinerea* L.; le vanneau huppé, *tringa vanellus* L., si commun en Hollande , paraît rarement dans notre province.

On ne voit plus d'hirondelles ; elles sont toutes parties pour l'Afrique et quelques-unes seulement s'arrêteront peut-être en Sicile. Une année j'en ai vu de grandes troupes à Metz le 14 octobre. C'était sans doute une colonie des régions septentrionales, du Danemark ou de l'Angleterre, peut-être, qui , à raison d'une douce température , avait retardé son voyage et qui avait profité de notre ville comme d'une étape sur son passage. Malheur à celles qui par hazard laisseraient partir sans elles la colonie ; mais ne nous trompons pas. Depuis qu'Olaüs Magnus a écrit que des pêcheurs lui avaient

raconté qu'ils avaient trouvé dans leurs filets des hirondelles pelotonnées, le vulgaire s'est transmis ce récit de
main en main. Mais cette tradition populaire est généralement reléguée parmi les fables.

V.

15 Octobre.

Le milieu d'octobre mérite particulièrement de fixer notre attention et doit être signalé dans les éphémérides botaniques. C'est comme un temps d'arrêt, où la terre semble nous dire : « Ma tâche est terminée ; mon sein est épuisé ; je vous ai donné tout ce que j'étais capable de produire. Laissez-moi maintenant jouir du sommeil que m'accorde la nature. »

Arrêtons-nous donc un instant et considérons avec intérêt ce que nous avons reçu de notre mère nourricière.

I.

Ce qui me frappe d'abord dans les phénomènes du règne végétal, c'est que la fructification est le but obligé de tout le reste ; à la formation du fruit doivent aboutir tous les mystères de la germination et de la floraison. Si la sève circule, s'il y a un calice et une corolle, des étamines et un pistil, c'est pour l'ovaire, c'est pour le fruit, et lorsque ce fruit, objet de tant de prévenances, est formé, lorsqu'il se détache de la plante mère, la nature est satisfaite.

Mais le fruit lui-même, c'est-à-dire le *péricarpe,* à quoi est-il destiné primitivement par la nature? A sauvegarder la graine, espoir de la génération suivante. Les fruits charnus, à noyau ou à pepins, les baies pulpeuses, les fruits à chatons, à enveloppes hérissées, les péponides, les samares, les siliques, les gousses, les capsules, tous les fruits, dans les innombrables variétés de leurs formes, aboutissent à la graine : une fois que la graine est parvenue à sa perfection, le fruit se dessèche et tombe.

Une autre loi qui est aussi à remarquer, c'est le temps qui s'écoule depuis la floraison jusqu'à la maturité. Car chaque plante demande un temps plus ou moins long pour parcourir toutes les phases de sa végétation, et comme les éphémérides doivent marquer l'époque moyenne de la floraison d'une espèce, il faut aussi qu'elles observent l'époque de sa maturité. Tous les fruits ne mûrissent pas à la fois, et il y a en cela une loi providentielle dont nous avons à nous féliciter. Parmi les fruits que nous cueillons au mois d'octobre, chose admirable, il en est qui ne doivent mûrir qu'à la fin de l'automne, d'autres dureront tout l'hiver, quelques-uns iront jusqu'à Pâques et au delà, c'est-à-dire jusqu'aux premières fructifications de l'année suivante.

Ce qui me paraît encore digne d'observation, ce sont les couleurs quelquefois éclatantes qui distinguent les fruits. Dans la même famille, dans le même genre, on trouve des espèces de couleurs très-différentes. Ainsi à côté du sureau commun, *Sambucus nigra*, dont les baies sont d'un noir luisant, on a dans le sureau à grappes, *Sambucus racemosa*, qui a des fruits d'un beau rouge. Ainsi le cornouiller commun, *Cornus mascula*, dont les fruits sont rouges, a des variétés à fruits jaunes, et à côté du cornouiller sanguin, dont les baies sont d'un rouge noirâtre, les jardiniers cultivent un *Cornus alba* dont les fruits blancs ressemblent à de petites perles, et un *Cornus cærulea*, dont les fruits sont d'un bleu céleste.

C'est au mois d'octobre que cette variété est plus sensible ; alors, comme si la nature ne quittait qu'à regret le soin d'embellir nos demeures champêtres, elle nous montre, en dépit des feuilles qui jaunissent et qui tombent, les brillantes couleurs des fruits qui restent sur les rameaux. Il n'est personne qui n'ait admiré le sorbier des oiseleurs, *Sorbus aucuparia*, avec ses grappes d'un rouge de corail. Le fragon épineux, *Ruscus aculeatus*, est également remarquable par des fruits rouges que le vert persistant de toute la plante fait ressortir. Le fusain commun, *Evonymus europæus*, a des fruits de couleur moins éclatante, mais de forme très-curieuse. Les jardiniers savent profiter de ces caprices de la nature pour la décoration des parcs et des bosquets de plaisance.

6

Vers le milieu d'octobre, maturité du troène ; les baies de cet arbrisseau de vertes deviennent noires. Dans quelques provinces elles sont utilisées ; on en tire une couleur verdâtre et une huile douce propre à l'éclairage ou aux usages culinaires. Malgré leur amertume, il y a des marchands de vin qui les emploient pour donner de la couleur aux vins faibles. Chez nous le troène est abandonné à lui-même. Dans les haies et les bois et le long des chemins, les baies restent sur pied pendant l'automne et une bonne partie de l'hiver, et offrent une nourriture de choix aux merles, aux grives et à la nombreuse famille des corvinés.

Enfin, ce qui me paraît bien digne de remarque dans la maturité d'un fruit, c'est la quantité quelquefois énorme de graines qu'il renferme. On voit souvent, par l'effet d'une culture bien entendue, un seul grain de blé pousser 7 ou 8 tiges et chaque épi contenir cinquante grains. Voilà donc un seul grain qui en a produit 400. Le maïs présente une multiplication plus grande encore, et donne parfois plus de mille grains pour un. On a compté sur un pied de pavot plus de trois mille graines provenant d'une seule, et sur un pied de tabac une quantité aussi étonnante. On a calculé qu'un seul pied de tabac suffirait pour couvrir toute la surface de l'Europe au bout de quelques années.

Ceci nous conduit à une autre loi de la nature, remarquable surtout à l'automne.

II.

On pourrait croire qu'après avoir conduit la plante jusqu'à la maturité du fruit, tout est fait pour la nature. Mais elle va plus loin. La graine est destinée à être semée et à devenir à son tour une plante semblable à celle dont elle est née. De là les lois de la dissémination : il y a un semis spontané qui mérite d'être observé.

1. Parmi les fruits des arbres, les uns sont gros et pesants ; ceux-là tombent à terre et germent ; tel est le châtaignier. D'autres sont munis de membranes en forme d'ailes, comme ceux de l'érable, du platane sycomore et de l'orme ; ceux-là sont transportés à quelque distance et y germent pareillement. De proche en proche, les arbres qui se succèdent tous les ans peuvent, au bout de quelque temps, former un bois touffu. C'est ainsi que des forêts ont pris la place d'anciennes cultures ; c'est ainsi que des forêts de sapin ont gagné le sommet des montagnes. Je me représente volontiers cette prise de possession comme le résultat d'une guerre incessante entre la végétation et les rochers. Le sommet d'une montagne est comme une ville assiégée. La végétation avance et monte d'année en année ; quelquefois elle a du dessous, les assiégés couvrent ses troupes de pierres du haut de leurs murs, mais elle ne se décourage pas et finit par l'emporter.

C'était la pensée de Deluc quand il parlait ainsi :

« Les sapins au pied de mon talus me peignent une armée assaillante. Elle monte en diverses colonnes ; elle a même envoyé divers piquets avancés, enfants perdus qui seront écrasés peut-être, mais l'armée n'avancera pas moins. »

2. Il y a des graines munies d'aigrettes, comme le pissenlit, la scabieuse, les valérianes. Ces graines, sus-

pendues en l'air comme au moyen d'un parachute, sont emportées par les vents, et la semence tombe à terre par son propre poids.

3. Il y a des graines qui sont transportées au loin par les oiseaux ; elles ont résisté à l'action des sucs gastriques, quelquefois même leur dissémination est accompagnée d'un engrais naturel qui en active la germination. On sait encore que certains oiseaux, les corbeaux, les pies, ont l'instinct de cacher des graines dans un creux ou dans une fente de rochers. C'est aux oiseaux qu'il faut attribuer ces arbres que l'on aperçoit avec étonnement au sommet des tours.

4. Joignez à cela les graines qui s'accrochent aux vêtements de l'homme, aux poils des animaux et aux marchandises, et celles qui sont emportées par les ruisseaux et les eaux courantes.

5. Mais, en fait de dissémination, rien n'est comparable à celle des cryptogames. Ces séminules imperceptibles, emportées par les vents, s'attachent aux rochers, au tronc des arbres et aux murailles. De là l'étonnante multiplication des lichens, des mousses et des champignons.

A toutes ces causes réunies la terre est redevable de cette parure variée dont elle est sans cesse revêtue. Les rochers les plus arides se garnissent d'une végétation spontanée, les ruines même s'embellissent de verdure, et il semble que la nature bienfaisante s'efforce de cacher dans des touffes de fleurs les sanglants vestiges de la fureur des hommes.

Mais cette fécondité appelle en même temps le travail

et l'industrie du cultivateur. Bientôt les plus beaux parterres ne différeraient guère des lieux sauvages, si la main de l'homme ne venait régler la nature. De là des opérations importantes: il faut remuer profondément la terre, la purifier des végétaux nuisibles, et lui confier des semences utiles. Ainsi doivent se préparer, pendant l'automne, les merveilles de la belle saison.

Ajoutons que c'est l'image d'une culture bien plus importante, je veux dire notre culture intellectuelle, et pour conclure, disons avec une illustre sainte dont je lis aujourd'hui le nom dans le calendrier :

« Notre âme est comme une terre aride, remplie de ronces et d'épines ; si nous voulons en faire un jardin agréable aux yeux de Dieu, cultivons-la par la prière ; la prière nous obtiendra du Seigneur ces plantes utiles qui remplaceront les herbes sauvages. »   Ste Thérèse.

VI.

Octobre 15 - 21.

1. *Ephémérides astronomiques.*

	SOLEIL.			LUNE.		
JOURS.	Lever.	Coucher.	JOURS.	Lever.		Coucher.
15 lun.	6 h. 6 m.	4 h. 54 m.	7	0h S. 7m		9h S. 25m
16 mar.	6 8	4 52	8	0 50		10 21
17 mer.	6 10	4 50	9	1 29		11 22
18 jeu .	6 11	4 49	10	2 4		— —
19 ven .	6 13	4 47	11	2 36		0 20
20 sam.	6 14	4 45	12	3 7		1 34
21 dim.	6 16	4 43	13	3 18		2 45

Premier quartier le 16, à 9 h. 18 m. du soir.
Dernier octant, le 19,

Depuis le 15 octobre, observation de deux étoiles de la 1re grandeur : vers 7 h. du soir, pendant qu'Antarès, le cœur du Scorpion, est près de l'horizon à l'occident, on voit du côté opposé Aldébaran qui se lève ; c'est l'étoile principale ou l'œil du Taureau. La belle constellation d'Orion commence à se montrer le soir ; mais jusqu'à la fin du mois, elle pâlira en présence de la lune.

---

2. *Ephémérides météorologiques.* — Année commune, c'est l'époque où les brouillards commencent à devenir fréquents, et cela pour deux raisons. La première vient de l'humidité de l'air qui augmente sous l'influence des vents d'ouest et de sud-ouest, ou à l'occasion des vapeurs qui s'élèvent d'un sol humide ; mais cette cause ne suffit pas. Il faut encore que la masse d'air chargée d'humidité soit assez refroidie pour que la vapeur d'eau qu'elle contient se condense. Or, c'est ce qui arrive principalement au milieu de l'automne. De là aussi les gelées blanches. Si, les brouillards ayant été déposés pendant la nuit par un vent du nord ou de l'est, l'air est assez serein pour que le soleil brille à son lever, alors, sous l'influence de cet astre, la rosée qui couvre la terre est en partie convertie en vapeurs, ce qui absorbe du calorique ; la partie qui reste étant descendue au-dessous de zéro, se congèle, et forme ces mille petites aiguilles de glace qui s'entrelacent et s'attachent aux brins d'herbe, aux rameaux des arbres, aux poils des animaux, à la barbe et aux vêtements des voyageurs.

En 1847, le 15 octobre, par un vent d'est, le thermomètre marquait 17°,50, à trois heures du soir, et le
baromètre 744.

Le 19, le baromètre descendit jusqu'à 733, par un
vent d'ouest, et avec 20° de chaleur ; il y eut tonnerre
et grande pluie.

En 1849, le 16 octobre, il y eut à Nancy, pendant la
nuit, de violents coups de tonnerre avec des éclairs
très-vifs. A Metz, le ciel fut calme, ou bien les observateurs étaient plongés dans un profond sommeil.

En 1862, du 15 au 22, il y eut grand vent tous les
jours et pluie par intervalles.

---

3. *Ephémérides botaniques.* — Le fait remarquable
de cette semaine est l'ouverture des vendanges, très-
tardives, mais opérées sous d'assez bonnes conditions.

Ce ne sont pas seulement certaines années malheu-
reuses, comme 1816 et 1817, qui ont vu leurs vendanges retardées jusqu'au 20 octobre. Des années plus ré-
centes ont été dans le même cas. Je me contenterai de
citer les années 1851, 1853, 1854, 1855, 1856 et
1860. En 1863, l'ouverture a eu lieu le 15. Plusieurs
de ces années ont eu à se féliciter du retard ; espérons
qu'il en sera de même en 1866.

Dans les vergers, les feuilles qui tombent laissent
voir à découvert les fruits qui achèvent leur maturation;
il faut se hâter de les cueillir. Ce sont spécialement
les nombreuses variétés de pommes et de poires d'automne.

Les parterres ont encore toutes leurs corbeilles garnies ; mais, à l'exception des chrysanthèmes, toutes les fleurs automnales, même les synanthérées, commencent à languir ; les capucines se confondent avec les feuilles jaunissantes, le géranium et les roses de Bengale pâlissent, l'hortensia prend une teinte sale de rouille ; bientôt les plus beaux jardins, malgré les soins actifs du jardinier, paraîtront comme dévastés.

En 1847, les mêmes causes que cette année avaient donné des inquiétudes sur la pomme de terre ; on la croyait menacée de la terrible maladie, et les Sociétés d'agriculture s'en préoccupaient. On tremblait même d'une disette imminente. Heureusement les craintes se sont dissipées. Tout porte à croire qu'il en sera de même cette année.

On commence pendant la seconde quinzaine d'octobre l'arrachement de la betterave, variété importante de la *Beta vulgaris*. Dans les départements du Nord elle est cultivée en grand pour la fabrication d'un sucre indigène, et, à leur exemple, Mathieu de Dombasle avait tâché d'enrichir la Meurthe de cette branche d'industrie. Dans la Moselle on ne cultive guère les racines de betteraves que pour la nourriture des bestiaux, et comme elles gagnent à rester longtemps en terre, l'arrachement est souvent retardé. Il en est de même des carottes, qui craignent encore moins la gelée que les betteraves.

Une récolte que je regrette un peu de ne pas voir dans notre département, c'est celle du maïs. Il est vrai que cette belle céréale n'est pas propre à faire du pain, faute de gluten, et que pour réussir il lui faut au moins trois mois de chaleur humide. Mais les départements de l'Est, sans l'emporter beaucoup sur nous, sous ce rapport, ont donné beaucoup de développement à la culture de cette plante. Il y en a plus de 10,000 hectares dans le Jura, 2,000 dans le Doubs, 1,600 dans la Côte-d'Or, et 1,560 dans la Haute-Saône. Le Bas-Rhin en a 680 hectares et le Haut-Rhin 460. La Moselle n'aurait-elle pas quelque profit à retirer, en imitant les départements voisins? C'est une question que je laisse à notre Comice agricole.

4° *Éphémérides zoologiques*. — Vers le 15, passage automnal des grives mauvis, *Turdus iliacus*, signe ordinaire pour les chasseurs que la bonne saison de la grive commune est près de finir. Mais les bécasses et les bécassines séjournent plus longtemps.

Le lièvre s'aventure dans les plaines; il n'ose plus rester dans les bois, effrayé, dit-on, par les feuilles qui tombent. C'est aussi dans les plaines qu'arrivent les corneilles mantelées, *Corvus cornix*, pour y établir leurs quartiers d'hiver. En même temps les geais et les pies font retentir les bois de leurs aigres et joyeux monosyllabes. C'est pour eux surtout que l'automne est la plus belle des saisons.

On commence à retirer les troupeaux des prairies; pour eux aussi on met en réserve des provisions d'hiver; les pâturages abandonnés ne font plus entendre que de légers bruissements. Si le gazon paraît se mouvoir, ce sont des escarbots, des nécrophores et des staphylins qui pullulent autour des cadavres des petits animaux. Les papillons disparaissent; tout au plus aperçoit-on quelque vanesse ou quelque piéride, quand il y a un beau jour, et si dans les herbes vous trouvez une grosse chenille brune et très-velue qui rappelle l'idée de l'ours, c'est la chenille du bombyx de la ronce ; elle va s'enfoncer dans la terre jusqu'au printemps.

VII.

Octobre **22 - 31**.

1. *Ephémérides astronomiques.*

	SOLEIL.			LUNE.	
JOURS.	Lever.	Coucher.	JOURS.	Lever.	Coucher.
22 lun.	6 h. 17 m.	4 h. 41 m.	14	4^h 9^m S.	3^h 59^m M.
23 mar.	6 19	4 39	15	4 42	5 16
24 mer.	6 20	4 37	16	5 19	6 35
25 jeu.	6 22	4 36	17	6 1	7 52
26 ven.	6 24	4 34	18	6 50	9 5
27 sam.	6 25	4 32	19	7 45	10 13
28 dim.	6 27	4 30	20	8 46	11 13
29 lun.	6 28	4 29	21	9 52	0 3 S.
30 mar.	6 30	4 27	22	11 0	0 45
31 mer.	6 32	4 25	23		1 21

Pendant cette période, il y a environ 4 minutes de

décroissement chaque jour , 2 m. le matin, et 2 m. le soir.

P. L. le 24, à 0,7 m. du matin. — 3ᵉ octant le 27. D. Q. le 30, à 2 h. 40 m. du soir.

Vénus se couche vers 6 h. du soir, visible pendant plus d'une heure. — Coucher de Jupiter, le 22, à 9 h. 30 m., et le 31, à 9 h. 10 m. Il se couche environ 2 m. plus tôt chaque jour.

2. *Ephémérides météorologiques.* — Le mois d'octobre ne se termine pas sans un prélude formel de l'hiver. Pendant les nuits de la dernière semaine, le thermomètre descend jusqu'à zéro ; point de neige néanmoins.

En 1843, il est tombé de la neige le 19 octobre, mais c'est une date exceptionnelle et avant midi la neige était fondue.

En 1847, à dater de la pleine lune, il y eut plusieurs jours d'une forte gelée blanche, et continuation du beau temps jusqu'au dernier quartier et au delà ; grand sujet d'espoir pour cette année.

La fin d'octobre n'est pas toujours aussi belle. A mesure que le soleil parcourt la constellation du Scorpion, le ciel devient nébuleux et prend une teinte papier gris ; d'ordinaire la température est triste et malsaine.

> Souvent dans les brouillards qui couvrent l'horizon ,
> Le scorpion céleste a lancé son poison.
>
> ROUCHER.

Le 22 octobre 1839, les Messins eurent le spectacle d'un rare et brillant phénomène, qui appartient au magnétisme terrestre, mais qu'on rattache vulgairement aux météores ; c'était une aurore boréale. Un pareil phénomène arrive sans doute assez fréquemment, mais dans notre pays Messin, il atteint rarement des proportions qui le rendent aussi remarquable que celui-là, ou bien l'état nébuleux de l'atmosphère empêche de l'apercevoir. Voici ce qui signala le 22 octobre 1839.

Vers 6 heures du soir, par un ciel serein, le phénomène s'annonça, du côté de l'ouest, par une lueur jaunâtre d'où s'échappaient de temps en temps des jets de lumière; puis, des deux extrémités, il s'éleva comme deux colonnes qui, parvenues à une certaine hauteur, se courbèrent l'une vers l'autre et formèrent comme une voûte; c'était un cercle lumineux qui passait du jaune au vert ou au pourpre, avec toute l'apparence magique des feux de Bengale. Des jets de lumière, diversement colorés, s'en échappaient et se portaient jusqu'au zénith. C'était effrayant; on eût dit un pays lointain dévoré par les flammes, et, dans certaines communes, les pompiers se mirent en route pour secourir les villages qu'ils croyaient incendiés.

Le phénomène parut s'éteindre vers 9 heures, et les observateurs croyaient que tout était fini, mais il reparut de nouveau et dura jusqu'au milieu de la nuit.

Cette même aurore boréale fut observée à Paris, à Strasbourg et même à Marseille. Dans les régions septentrionales elle a dû être magnifique. On sait qu'en Ecosse, par exemple, ces sortes d'apparitions sont plus fréquentes et plus splendides. C'est de l'une d'elles que Charles Nodier parle ainsi dans son *Trilby* :

« L'Aube du nord, qui avait commencé à blanchir l'horizon polaire depuis le coucher du soleil, déployait lentement son voile pâle à travers le ciel et sur toutes les montagnes, triste et terrible comme la clarté d'un incendie éloigné auquel on ne peut porter secours. Les oiseaux de nuit, surpris dans leurs chasses insidieuses, resserraient leurs ailes pesantes et se laissaient rouler étourdis sur les pentes du Cobler, et l'aigle épouvanté criait de terreur à la pointe de ses rochers, en contemplant cette aurore inaccoutumée qu'aucun astre ne suit, et qui n'annonce pas le matin. »

C'est lorsque les aurores boréales sont plus considérables, que leur apparition s'étend jusques dans nos latitudes. Mais toujours elles font beaucoup d'impression sur les esprits. En 1726, le 19 octobre, il y eut une aurore boréale célèbre, non-seulement dans le pays Messin, mais encore sur la Meuse, dans la Champagne, à Paris, etc. On crut y voir des javelots étincelants, des hallebardes flamboyantes ; la lueur était rougeâtre, sans autre bruit qu'un souffle pareil à celui qui accompagne les fusées volantes. Parmi les bonnes gens, il y en eut qui pensèrent que c'était un pronostic de la fin du monde, où la nature devait périr par les flammes. Aujourd'hui encore il ne serait pas possible de voir ce phénomène sans émotion, mais bien loin d'en concevoir des craintes, on serait plutôt dans le cas de s'en réjouir ; car on sait assez qu'une aurore boréale n'a jamais été un phénomène funeste.

Quoi qu'il en soit, il paraît que c'est au mois d'octobre que ces sortes d'apparitions ont été plus fréquentes.

<hr>

3. *Ephémérides botaniques.* — Il faut se hâter de profiter des derniers beaux jours pour faire encore une visite aux jardins ; les fleurs qui ont pu résister à la

froidure des nuits, (les fuchsias, les asters, les chrysan-
thêmes, les dahlias peut-être,) sont plus intéressantes
à voir, environnées qu'elles sont de tant de débris et sur
le point de tomber elles-mêmes à la première gelée.

L'orangerie à peine garnie prend un air de fête avec
ses arbrisseaux du midi, sa verdure brillante et ses
fleurs de choix ; à côté des bruyères du Cap viennent
s'épanouir les primevères de la Chine ; c'est le printemps d'une serre froide. Maintenant, tout doit y être en
règle. On regarde comme une marque d'imprévoyance
inexcusable, lorsque des gelées précoces viennent sur-
prendre des plantes d'orangerie oubliées en plein air.
Les plantes même qui peuvent supporter plusieurs degrés de froid exigent des précautions. Les lauriers en
caisse demandent qu'on les mette à l'abri aussi bien
que les oléandres. Pour les grenadiers qui ont perdu
leurs feuilles, il faut les cacher jusqu'au mois de mai.

Dans les vergers, on achève de cueillir les fruits qui
doivent réjouir nos repas d'hiver. En même temps, des
oranges nouvelles sont en route et nous arrivent de Ma-
laga, de Sicile ou de Portugal ; cueillies encore vertes,
elles finissent de mûrir pendant la traversée. Elles nous
arriveraient gâtées, si elles étaient mûres en partant.

---

4. *Ephémérides zoologiques.* — Lorsque la sarcelle
d'été nous quitte pour retourner dans le midi, la sarcelle d'hiver, *anas crecca*, nous arrive, et si des triangles d'oies sauvages se montrent dans les airs, c'est
qu'elles sont obligées de quitter leur station du nord à
cause de la gelée ; leur apparition est un pronostic d'un
froid prochain.

Plus d'insectes dans l'air ; des papillons tardifs, le morio, le citron, les tortues, savent trouver un abri pour la mauvaise saison, et ils en sortiront dès les premiers beaux jours. Des chenilles même se fabriquent une tente de soie pour passer l'hiver en société : celle du gazé sur l'aubépine et les larves épineuses du damier sous des feuilles de plantains. Les chenilles qui s'établissent entre les branches des arbres fruitiers mériteraient des précautions de la part des jardiniers. Il y a au printemps un échenillage prescrit ; ne pourrait-on pas s'occuper d'un échenillage d'automne ?

Aux premiers froids, massacre dans les guêpiers. « Alors, dit Réaumur, il se fait dans les guêpiers un singulier et cruel changement de scène. Les guêpes ouvrières cessent de songer à nourrir leurs petites larves. Elles font pire : de mères ou nourrices si tendres, elles deviennent des marâtres impitoyables ; elles arrachent des cellules les larves qui ne les ont pas encore fermées ; elles les portent hors du guêpier ; c'est alors la grande occupation des ouvrières. Le massacre est général. »

Ceux qui élèvent des abeilles savent qu'une scène aussi tragique a lieu dans le voisinage des ruches.

VIII.

Novembre 1-7.

1. *Ephémérides astronomiques.*

SOLEIL.			LUNE.		
JOURS.	Lever.	Coucher.	JOURS.	Lever.	Coucher.
1 jeu .	6 h. 33 m.	4 h. 24 m.	24	0ʰ M. 7ᵐ	1ʰ S. 52ᵐ
2 ven.	6 35	4 22	25	1 13	2 20
3 sam.	6 36	4 20	26	2 18	2 47
4 dim.	6 38	4 19	27	3 22	3 13
5 lun.	6 40	4 17	28	4 25	3 40
6 mar.	6 41	4 16	29	5 27	4 8
7 mer.	6 43	4 14	1	6 28	4 38

Pendant cette semaine, les jours décroissent de 10 minutes le matin et d'autant le soir.

Dernier octant de la lunaison, le 3.

N. L. le 7, à 10 h. 19 m. du matin.

La belle planète de Vénus continue d'être l'*Etoile* du soir ; on peut la voir près de l'horizon pendant plus d'une heure après le coucher du soleil. Jupiter, qui ne se couche que vers 9 h., est visible pendant plus de 5 heures. Les autres planètes ne sont pas visibles.

2. *Ephémérides météorologiques.* — Les brouillards épais qui se forment dès le matin sont les avant-coureurs des premières gelées ; mais ordinairement, pour la journée, c'est un signe de beau temps. C'est une jouissance d'automne de voir le brouillard qui tombe, l'humidité qui couvre le sol et le soleil qui se dégage insensiblement des vapeurs de l'atmosphère. Quelquefois au contraire, le brouillard s'épaissit, et midi se passe avant que le soleil paraisse ; dès lors on peut être sûr que toute la journée sera brumeuse. D'où vient cette différence ? Pourquoi le brouillard est-il forcé de tomber certains jours, tandis que d'autres fois il s'élève et règne toute la journée ? Je regrette de n'avoir pas de réponse à donner : je n'en trouve pas de suffisante. On dit qu'après les premiers froids il y a réaction ; mais voilà ce qui n'est pas bien expliqué et ce qui réclame de nouvelles observations ; peut-être qu'à force de constater les circonstances du phénomène et de les comparer, on finira par découvrir la loi qui nous donne les beaux jours.

La loi de la réaction dans les couches atmosphériques n'a quelque chose d'un peu satisfaisant que pour les variations du thermomètre ; mais, sous ce point de vue lui-même, il faut encore bien des observations.

En 1847, la première semaine de novembre a été une semaine de brouillards avec un vent d'est et un ciel couvert après midi ; point de pluie néanmoins. Le 1er du mois, le thermomètre marquait 13° de chaleur à midi et autant à 3 heures du soir. Quelquefois l'élévation de la température est bien plus sensible et fait contraste avec le froid du nord qui veut faire invasion. Alors il y a lutte et par conséquent dégagement d'électricité, et voilà ce qui explique pourquoi le tonnerre se fait quelquefois entendre au commencement de novembre.

En 1837, nous avons eu tempête le 1er et le 2 novembre, et le 3, orage et grêle, et, si nous voulions compulser nos chroniques, la première quinzaine de novembre nous offrirait des dates remarquables ; car dans toute cette région de climat mitoyen, qu'on nomme la France septentrionale, les orages de cette époque sont parfois d'une violence extrême. J'ai lu dans le journal de *Lestoile* le trait que voici :

« Le 7 du présent mois de novembre (1606), il s'éleva un vent si grand et si impétueux, entremeslé de foudres et tempestes, qu'étant arrivés le soir à la Ferté-sous-Jouarre, il nous fut dit que le feu du ciel venoit de tomber sur deux maisons de ladite ville, qui en étoient presque toutes bruslées. »

On dira, si l'on veut, que ces tonnerres intempestifs sont une réaction du midi contre le nord. Nous avons aussi des bourrasques froides et sans tonnerre, quelquefois d'une grande violence : on les appelle, dans le pays Messin, vents des Ardennes ou vents de bise, et il est difficile de leur assigner une époque moyenne. C'est lorsque les vents de nord-ouest arrivent des mers glaciales et font invasion sur notre continent. Nous aurons plus d'une fois à en gémir pendant l'hiver. Mais les côtes de la Manche, qui sont plus exposées à leur premier choc, ont aussi dans leurs annales bien des dates marquées d'une pierre noire : depuis l'embouchure de la Seine jusqu'à celle du Rhin, il n'est aucun port de mer qui ne puisse accuser le mois de novembre de quelque grand désastre. Le plus fameux de tous est celui de 1569. Le 1er novembre , l'océan, battu par un ouragan d'une vio'ence extraordinaire, rompit ses digues et inonda presque toute la Frise avec une partie de la Hollande et de la Zélande. Plus de cent mille personnes périrent dans ce désastre qui est connu sous le nom de *Déluge de la Toussaint*. On le regarda comme un châtiment du Ciel, à cause des dévastations que les iconoclastes avaient tout récemment exercées dans les églises.

———

3° *Ephémérides botaniques.* — Avec la dernière semaine d'octobre commence ordinairement la *défoliation;* elle s'achève pendant la première semaine de novembre. La limite d'une année est assignée à la vie des plantes. Les espèces annuelles, quand elles ont produit leurs fruits, meurent tout à fait, feuilles, tige et racine ; les espèces dites vivaces conservent, il est vrai, leurs racines, mais tout le reste meurt jusqu'à la surface du sol. Quant aux espèces ligneuses, arbres ou arbustes, elles subissent une espèce de mort ; tout en conservant la vie de la tige et des rameaux , elles perdent leurs feuilles. Il n'y a d'exception que pour un certain nombre de plantes qui font classe à part sous le nom d'arbres verts ou à feuilles persistantes. Cette chute presque universelle des feuilles est une circonstance assez notable pour avoir été mise sur le programme des *phénomènes périodiques* dont on réclame l'observation.

Pourquoi les feuilles tombent-elles ? Evidemment c'est une conséquence de leur mort. Déjà, depuis plus d'une semaine, un état maladif s'était déclaré ; ces nuances jaunes , brunes et même rouges, qui succèdent à la couleur verte, sont une véritable maladie et aboutissent toutes à la nuance uniforme dite *feuille morte*. Remarquez que, quand une feuille tombe, la séparation se fait sans déchirure, car elle était attachée à la tige par une espèce d'articulation, et , en examinant le point où le pétiole s'est désarticulé, il est facile de distinguer un renflement qui lui servait de base et qu'on nomme *coussinet*. On y voit nettement plusieurs points qui ont une disposition curviligne : ce sont les cicatrices des filets vasculaires qui communiquaient la vie à la feuille. Lorsqu'ils cessent d'apporter leur tribut, soit parce que leur fonction est terminée , soit par l'effet du froid, la feuille se désarticule et tombe.

Il y a quelquefois des chutes partielles par l'effet d'une grande sécheresse ou d'un froid précoce. Mais le moment marqué pour la defoliation c'est celui où les feuilles commencent à tomber par flocons de manière qu'au bout de quelques jours l'arbre est entièrement dégarni. Ce moment diffère suivant les espèces, et c'est cette différence dont on demande l'indication.

Mais il y a pour la feuillaison du printemps bien

plus de semaines que pour la défoliation. La feuillaison, suivant les diverses espèces, dure depuis le commencement de février jusqu'au milieu de juin ; à l'automne, la défoliation s'achève dans l'espace de deux semaines. Tout ce qu'on peut souhaiter, c'est d'indiquer approximativement les espèces qui perdent leurs feuilles avant la Toussaint et celles qui les conservent encore pendant la première semaine de novembre.

Contentons-nous de l'indication suivante :

Avant la Toussaint, pendant la dernière semaine d'octobre, perdent ordinairement leurs feuilles : les diverses espèces de peupliers et de saules, le marronnier, le tilleul, le noyer, le coudrier, le cytise des Alpes, le sorbier des oiseleurs.

Après la Toussaint : le sureau commun, le robinia pseudo-acacia, le lilas, l'érable, le platane, etc.

> De la tige détachée,
> Pauvre feuille desséchée,
> Où vas-tu ? — Je n'en sais rien.
> L'orage a frappé le chêne,
> Qui seul était mon soutien.
> De son inconstante haleine,
> Le zéphyr ou l'aquilon
> Depuis ce jour me promène
> De la forêt à la plaine,
> De la montagne au vallon.
> Je vais où le vent me mène,
> Sans me plaindre ou m'effrayer ;
> Je vais où va toute chose,
> Où va la feuille de rose
> Et la feuille de laurier.

Le chêne et le hêtre méritent une observation particulière. Ces deux essences qui, de toute antiquité, se partagent l'empire dans nos forêts, conservent leurs feuilles marcessantes jusqu'aux nouvelles feuillées.

Parmi les arbres à feuilles persistantes mentionnons, à cause de la circonstance du 2 novembre, le cyprès, arbre funéraire par excellence. Mais s'il est devenu funéraire, et si pour cette raison il inspire des idées de tristesse, il ne le doit qu'à la propriété d'avoir un feuillage toujours vert.

—————

4° *Ephémérides zoologiques*. — La seule date que nous indiquons cette semaine pour le calendrier du règne animal, c'est le 3 novembre, fête de Saint-Hubert. Ce jour-là les chasseurs vont fêter l'apôtre des Ardennes. En l'honneur de leur illustre patron, ils vont faire une guerre à mort aux loups, aux chevreuils et aux sangliers. Il y aura grand carnage.

Des moralistes sévères ont condamné la chasse à titre de cruauté. Mais plût au ciel que les armes de l'homme ne fussent jamais teintes que du sang des oiseaux et des bêtes fauves.

« Je vois une foule d'hommes semblable à une meute nombreuse, tantôt poursuivant, tantôt poursuivis, tantôt la proie l'un de l'autre, jusqu'à ce que le trépas, ce chasseur infatigable, vienne les engloutir tous dans leur dernier terrier. » Young.

Pour adoucir cette réflexion impitoyable du poëte anglais, en voici une autre du même auteur ; elle est plus chrétienne et plus consolante.

« La vie n'est pas en deçà, mais au delà du tombeau. »

—————

IX.

Novembre 8-14.

1. *Ephémérides astronomiques.*

SOLEIL.			LUNE.		
JOURS.	Lever.	Coucher.	JOURS.	Lever.	Coucher.
8 jeu.	6h. 46 m.	4 h. 13 m.	2	7h 27m M.	5h 13m S.
9 ven.	6 48	4 11	3	8 23	5 48
10 sam.	6 49	4 10	4	9 16	6 30
11 dim.	6 50	4 8	5	10 5	7 28
12 lun.	6 53	4 7	6	10 40	8 11
13 mar.	6 55	4 6	7	11 29	9 9
14 mer.	6 57	4 5	8	0 4 S	10 11

Pendant cette huitaine, les jours décroissent de 11 minutes le matin et de 8 minutes le soir.

Premier octant de la lunaison, le 11.

2. *Ephémérides météorologiques.* — Dans l'histoire de la météorologie, cette semaine est une des plus célèbres et spécialement la nuit du 12 au 13. Cette nuit est en effet une de celles qui ont été signalées plus que les autres pour les apparitions d'*étoiles filantes*.

C'est surtout depuis 1836 que ce phénomène a pu acquérir un peu d'importance et attirer plus spécialement l'attention des observateurs sur cette nuit privilégiée. Il n'y avait d'abord que des conjectures ; mais en 1836, d'après les indications déjà fournies, Fr. Arago, voulant avoir quelque chose de certain sur cette date, invita les quatre astronomes du Bureau des longitudes à s'établir à tour de rôle sur la terrasse de l'Observatoire, pendant la nuit du 12 au 13 novembre, pour y tenir une note exacte des apparitions d'étoiles filantes. Or, ces quatre observateurs ont noté, depuis le 12, à 6 heures du soir, jusqu'au 13, à 6 h. du matin, 170 étoiles filantes.

A Metz aussi, le phénomène a été étudié avec l'intérêt qu'il mérite. En 1842, notre savante Académie, en conséquence des observations de M. Desains, a nommé une commission chargée d'apprécier cette question importante, et les communications qu'elle en a reçues ne laissent rien à désirer sur ce curieux phénomène. Puisque cette nuit fameuse n'est pas loin, voyons d'abord les différents points sur lesquels doivent tomber nos observations.

1° L'éclat des étoiles filantes. Les unes sont aussi faibles qu'une étincelle vue dans l'éloignement; d'autres paraissent comme des étoiles de première grandeur, quelques-unes avec un éclat supérieur à Vénus.

2° La trajectoire. Quoique les étoiles filantes semblent venir de différents points, elles se dirigent assez généralement vers un même point de l'horizon, vers le sud-ouest. On a remarqué que c'était dans une direction tout opposée au mouvement de translation de la terre dans son orbite.

3° La queue. Quelques-unes, en traversant l'atmosphère, ne semblent qu'un filet lumineux ; d'autres ont une traînée lumineuse à la manière des fusées.

4° La couleur. La plupart sont d'un blanc vif semblable à celui des étoiles. Dans quelques-unes, on distingue des nuances jaunes, rougeâtres, vertes et même bleues. Ce qui trahit une différence de composition chimique.

Cette dernière circonstance a fait dire à plusieurs météorologistes que les étoiles filantes n'étaient dues qu'à l'incandescence spontanée de quelques substances disséminées dans l'atmosphère. Et ils citaient des observateurs dignes de foi qui leur affirmaient qu'ayant vu tomber non loin d'eux une étoile filante, ils avaient couru à l'endroit de la chute, et qu'ils n'y avaient trouvé qu'un résidu visqueux et fétide, encore chaud. Suivant cette opinion, qui a encore des partisans, les étoiles filantes seraient vraiment un phénomène météorologique. La quantité innombrable de celles qu'on a observées ne servait qu'à confirmer cette explication. Mais voilà que les astronomes ont voulu enlever les étoiles filantes à la météorologie et les transformer en phénomène *cosmique*. A quel titre?

Réponse de l'astronome : Les étoiles filantes doivent être rangées dans la même catégorie que les aérolithes, les bolides et les astéroïdes.

13

— Mais pourquoi donc à certains jours, ou plutôt à certaines nuits, les étoiles filantes sont-elles si nombreuses que dans l'espace d'une heure on en compte jusqu'à des milliers ?

— C'est que, à certaines époques, la terre rencontre dans son orbite comme un essaim d'astéroïdes pressés les uns contre les autres.

— Et d'où vient qu'à *toutes* les époques les étoiles filantes semblent affectionner un endroit de l'atmosphère, du ciel, veux-je dire ?

— C'est qu'en effet le siége principal du phénomène paraît être la constellation du Lion ou celle de Persée.

— Pardon, Monsieur l'astronome, je ne comprends plus. Quand vous transportiez ce phénomène de la région atmosphérique dans celle des astéroïdes, c'est-à-dire dans celle de nos planètes, entre Mars et Jupiter, par exemple, c'était déjà beaucoup, et je ne concevais pas comment dans cette hypothèse il était facile ou possible de mesurer la distance des trajectoires. Mais au moins nous ne sortions pas de notre système planétaire, nous restions chez nous. Si maintenant vous me transportez de *notre constellation* dans une autre quelconque de la région sidérale, il m'est impossible, je l'avoue, de me figurer le trajet de ce million de fusées d'une constellation dans une autre. L'autonomie n'est-elle pas admise dans le monde sidéral ?

— On a mesuré la parallaxe des étoiles filantes, comme celle des étoiles fixes, et....

— Je n'ai plus rien à dire, Monsieur l'astronome ; je m'incline devant les calculs de la science.

Quoi qu'il en soit de cette difficulté, et quoiqu'il y ait

un grand nombre de nuits qui partagent avec celle du 12 novembre le privilége d'avoir beaucoup d'étoiles filantes, tous les lecteurs des *Ephémérides* sont priés de se tenir, lundi soir, à leur observatoire, et si, moyennant une belle soirée, ils aperçoivent beaucoup d'étoiles filantes, ils tâcheront de deviner si c'est un phénomène atmosphérique ou bien un phénomène cosmique.

En 1852, une aurore boréale a été observée à Metz le 11 novembre. Elle a commencé à se montrer vers 7 heures 1/4 du soir ; le point central était le nord-ouest. Avant 8 heures, le ciel présentait de ce côté des nuances rouges et flamboyantes, comme d'ordinaire. On a remarqué qu'une étoile filante a traversé le phénomène et qu'au travers de ses nuances brillantes il était facile de distinguer plusieurs étoiles de la grande Ourse.

3. *Ephémérides botaniques.* — Grâce à la douceur exceptionnelle de la température dont nous avons joui, la défoliation ne s'achève pas, et bien des arbres doivent être fiers de se trouver encore tout garnis de feuilles à la Saint-Martin. Année commune, le soleil jette à peine un regard sur nos contrées pendant la seconde huitaine de novembre, et alors, n'y eût-il qu'un seul beau jour, on est dans l'usage d'appeler cette courte apparition l'*Été de la Saint-Martin.* On profite alors de cette faveur du ciel pour faire encore une visite aux jardins d'agrément. On y trouve quelques arbustes fleuris qui ne craignent que la gelée ; c'est le prolongement du règne des chrysanthèmes.

4. *Ephémérides zoologiques.* — Epoque où les passereaux granivores sont en plus grande abondance. Les
linottes couvrent les arbres des jardins de leurs volées
joyeuses, de compagnie avec les pinsons. Alors se
voient aussi beaucoup de bouvreuils et de friquets. Le
long des chemins et sur les buissons, les chardonnerels
plus nombreux font leur moisson de semences de chardon et de chanvre.

Arrivée des buses variables et des buses pattues,
pour commencer leur chasse d'hiver ; elles se nourriront
d'abord de petits oiseaux et de campagnols ; plus tard
elles se jetteront sur les basses-cours. Une espèce de
busard, qui commence aussi à se montrer, a été nommé
pour cette cause l'*oiseau de Saint-Martin.*

Arrivée dans les ports de mer des premiers vaisseaux
qui apportent leur cargaison de harengs d'automne. Ce
sont des harengs *saurs*, c'est-à-dire séchés à la fumée
pour être conservés et envoyés dans l'intérieur du continent. Ainsi avons-nous tous les ans sur les bords de
la Moselle des échantillons de ce qu'on appelle parfois
la mine d'or de la Hollande.

X.

Novembre 15-21.

1° *Ephémérides astronomiques.*

	SOLEIL.			LUNE.	
JOURS.	Lever.	Coucher.	JOURS.	Lever.	Coucher.
15 jeu .	6 h.56 m.	4 h. 3 m.	9	0ʰ S. 36ᵐ	11ʰ S. 16ᵐ
16 ven.	6 57	4 2	10	1 6	—
17 sam.	6 59	4 1	11	1 35	0 M. 13
18 dim.	7 0	4 0	12	2 5	1 33
19 lun.	7 2	3 59	13	2 36	2 47
20 mar.	7 3	3 58	14	3 10	4 4
21 mer.	7 5	3 57	15	3 49	5 22

P. Q. le 15 à 2 heures 1 minute du soir. — 2ᵉ octant, du 18 au 19.

14

Le 21, coucher de Vénus, à 5 heures 13 minutes du soir ;

Coucher de Jupiter, à 8 heures 5 minutes.

—————

2. *Ephémérides météorologiques.* — Nous jouissons d'une température assez douce et que novembre ne nous accorde pas toujours. Continuera-t-elle a nous favoriser, et quel temps aurons-nous du 15 au 21 ? La seule conjecture motivée que nous puissions émettre est tirée de l'année 1847, dont voici les fastes :

Le 15, premier quartier de la lunaison comme cette année, le baromètre étant assez élevé (755), le vent ouest-sud-ouest régna toute la journée et le ciel fut voilé. Le thermomètre marquait, à 9 h du matin, 8° ; à midi, 10 ; à 3 h., 11.

Le 16, le baromètre baissa un peu (753), le thermomètre marquait 11° dès 9 h. du matin, 12° à midi, 12° à 3 heures. C'était le vent d'ouest, le ciel était couvert ; il tomba de la pluie le soir.

Le 17, le vent continua son oscillation vers le nord, c'était ouest-nord-ouest ; le baromètre descendit jusqu'a 743 à 3 h. du soir ; alors le thermomètre ne marquait plus que 3°.

Le 18, jour du 2ᵉ octant, le vent se mit décidément au nord et au nord-est, et le 19, le matin, il y avait une forte gelée blanche ; le temps fut magnifique toute la journée aussi bien que le 20. Pendant la nuit du 20 au 21 il y eut 2° au-dessous de zéro. Mais le vent du sud s'étant levé dans la matinée, le ciel se couvrit de nuages.

Voilà pour huit jours un curieux sujet d'observations comparées.

———

3. *Ephémérides botaniques.* — Défoliation générale et commencement du sommeil hibernal des plantes. Il reste encore à peine quelques graines à recueillir dans les bois, le potager bien ménagé nous fournit encore quelques racines ; c'est même le temps où commence la récolte de cette espèce de soleil nommé topinambour, *helianthus tuberosus,* dont les tubercules ne craignent pas la gelée et qu'on peut laisser beaucoup plus tard dans la terre. Il est fort cultivé dans certains départements , très-peu, je crois , dans la Moselle.

Mais quant aux fleurs, il ne reste presque plus rien dans les jardins. Cette année, où les gelées sont tardives, on peut y voir encore quelques dahlias à moitié fanés et des chrysanthèmes. Les autres fleurs sont toutes flétries, et si, tenté par un demi-soleil, vous faites encore une visite à votre jardin, on peut dire que c'est la nécessité des travaux de la culture qui vous y appelle, ou bien vous vous hâtez d'en sortir.

Toutefois, parmi les curiosités du règne végétal, il en est une assez remarquable qui appartient en partie au milieu de novembre. Au pied des arbres qui ont perdu leurs fruits et leurs feuilles, on voit pulluler dans les jardins et les bois ces excroissances impures, amies de l'ombre et de l'humidité, que l'on connaît sous le nom général de champignons, et dont les unes sont recherchées dans l'économie domestique, pour le plus grand plaisir des gastronomes ; les autres, vénéneuses ou malfaisantes, ont rendu la race entière suspecte.

Mais toutes sont curieuses à observer, spécialement à cette époque.

Ne parlons ni du champignon de couche, que l'on cultive de tous côtés et en tout temps, ni de la célèbre truffe du Périgord, dont l'extraction commence, il est vrai, au milieu de novembre, mais qu'on n'est pas encore parvenu à naturaliser dans la Moselle.

Il y a plusieurs espèces que nous pouvons rencontrer et sur lesquelles nous sommes exposés à nous tromper à cause de leur ressemblance avec les espèces comestibles. Ainsi, outre le bolet blanchâtre, *boletus albidus*, qui ressemble au bolet comestible, et l'amanite fausse-orange, il y a au milieu des bois plusieurs espèces dont la couleur est trompeuse : l'agaric meurtrier, *Ag. necator*, dont le chapeau, large de trois pouces, est d'un jaune rougeâtre avec des zones concentriques ; il y a l'agaric fétide dont le chapeau, plus large encore, est d'un jaune fauve qui se distingue au milieu du gazon des bois ; il y a l'agaric couleur de soufre, qui heureusement se trahit comme le précédent par son odeur fétide ; il y a l'agaric styptique en belles touffes de couleur cannelle, sur les troncs desséchés. Il n'y a pas jusqu'à l'agaric appelé délicieux, *agaricus deliciosus* L., qui ne soit déclaré suspect malgré sa réputation séculaire.

On prétend que la cuisson ou que l'eau vinaigrée fait disparaître le principe vénéneux. Mais, malgré cette garantie, combien n'y a-t-il pas encore de fâcheuses déceptions !

Et de dire que c'est à cette odieuse famille que nous devons les maladies de bien des plantes ! c'est un champignon, c'est l'*oïdium Tuckeri*, qui est la cause avouée

de la maladie de la vigne, et on accuse un *botrytis* d'ê-
tre au fond de la maladie des pommes de terre. La
cause n'est pas jugée.

Le botaniste seul peut trouver une étude intéressante jusque dans les derniers degrés de ces végétaux singuliers. C'est en particulier pendant cette saison qu'il peut curieusement examiner, la loupe à la main,
ces duvets qui ne revêtent que la putréfaction, ces bys-
sus qui semblent être les premières ébauches du règne
végétal, ces moisissures qui pénètrent dans nos appartements et qui infestent nos meilleurs fruits. Les livres
dont il se sert en sont quelquefois endommagés, mais
il découvre des merveilles dans ces taches verdâtres :
c'est un petit monde qui a ses collines et ses forêts ; ce
sont des oasis plus agréables à voir que ceux de l'A-
frique ; au lieu de palmiers, ils ont des filaments micro-
scopiques ; des insectes imperceptibles en sont des
éléphants.

—————

4 *Ephémérides zoologiques.* — Lorsque la température s'abaisse, et avant que le thermomètre descende
jusqu'à zéro, plusieurs mammifères commencent aussi
leur sommeil d'hiver. La chauve-souris se réfugie dans
les cavernes et les carrières abandonnées ; suspendue
par les pattes postérieures, elle y passe l'hiver dans une
demi-léthargie. Le blaireau s'endort, pour trois ou quatre mois, au fond de son terrier, le hérisson dans un
tas de feuilles mortes, le lérot dans un lit de mousse,
le muscardin dans le creux d'un arbre. L'écureuil ne
s'engourdit pas comme le lérot, son confrère; mais son
pelage prend une teinte grisâtre, et il ne sort guère de

son lit de polytric, si ce n'est pour visiter son garde-manger ; car il a préparé non loin de sa couche ses provisions d'hiver, des châtaignes, des glands, des. noisettes.

A la même époque, la mue des poils donne à la pelleterie des fourrures plus recherchées, ce sont celles des fouines, des putois, des martres et des belettes.

La taupe ne s'engourdit pas non plus, mais ses galeries souterraines sont un peu plus profondes, à mesure que le froid de la surface fait enfoncer les larves et les vers dont elle fait sa nourriture.

Le 19 novembre, en 1825, il y eut dans notre contrée un passage considérable de linottes boréales. Cet oiseau, qu'on nomme sizerin, est du nord, comme son nom l'indique, et n'apparaît ici que de loin en loin. Le sizerin cabaret, *Linaria rufescens*, paraît souvent en automne.

XI.

Novembre 22-30.

1. *Ephémérides astronomiques.*

SOLEIL.			LUNE.		
JOURS.	Lever.	Coucher.	JOURS.	Lever.	Coucher.
22 jeu.	7 h. 36 m.	4 h. 26 m.	16	5ʰ 5ᵐ S.	7ʰ 8ᵐ M.
23 ven.	7 38	4 25	17	5 59	8 21
24 sam.	7 39	4 24	18	6 59	9 27
25 dim.	7 41	4 23	19	8 5	10 24
26 lun.	7 42	4 22	20	9 14	11 12
27 mar.	7 44	4 22	21	10 24	11 52
28 mer.	7 45	4 21	22	11 33	0 26 S.
29 jeu.	7 46	4 20	23	— —	0 55
30 ven.	7 48	4 20	24	0 30 M.	1 22

P. L. le 22, à 10 h. 40 m. matin.

3ᵉ octant, du 25 au 26.

D Q. le 29, à 3 h. 30 m. matin.

Mars continue sa révolution pendant le jour.

Vénus est visible près de l'horizon pendant une heure, le soir, et Jupiter pendant quatre heures.

———

2. *Ephémérides météorologiques*. — La correspondance de l'année 1847 s'est assez bien vérifiée cette fois-ci. Depuis le premier quartier jusqu'à l'octant, vents du sud et de l'ouest avec pluie et température douce ; à dater de l'octant, le 17, vent du nord et temps sec. Voyons, d'après les observations de Schuster, ce que la pleine lune et le dernier quartier nous permettent de prévoir.

Le vent du sud a de nouveau régné depuis le 22 jusqu'au 30. Il a plu le 23, les jours suivants le ciel était couvert. Le 27 et le 28, on a remarqué une dépression extraordinaire du baromètre (733 et 728), à midi, et, en même temps, le thermomètre montait : il y eut 11°,4 le 27, et 13° le 29, à 3 h. du soir.

Dans plusieurs campagnes, c'est un proverbe vulgaire que sainte Catherine est vêtue de blanc, ce qui veut dire que le 25 novembre est l'époque moyenne des premières neiges. On les voit ordinairement plus tôt dans les Ardennes et dans l'arrondissement de Sarreguemines.

D'ordinaire plus un lieu est élevé, plus la température y est basse. Voilà pourquoi les habitants de la ville n'ont pas encore vu un atome de neige qu'ils aperçoivent le front du Saint-Quentin tout poudré ; voilà pourquoi aussi, dans les cantons que nous appelons le *haut*

pays, la neige couvre les campagnes avant la vallée de
la Moselle. Aussi ne faut-il pas être étonné que la partie orientale du département, qui est comme le contre-
fort des Vosges, se ressente un peu du voisinage des
montagnes. Elle en a hérité les désagréments d'un climat plus rigoureux, d'un hiver précoce et de certains
changements brusques de température qui étonnent et
qui déconcertent.

Quand la neige sera venue, et pendant tout l'hiver ,
voici une observation assez sûre : la neige, avec hausse
du baromètre, est l'indice d'un froid plus rigoureux
pour les jours suivants ; avec la baisse, elle annonce
une température plus douce et ne tarde pas à se chan-
ger en pluie.

Le 27 et le 28 novembre 1836, après plusieurs jours
de pluie, la Moselle déborda, et il y eut une inondation
extraordinaire ; les eaux couvrirent non-seulement la
plaine Saint-Symphorien qui ressembla , pendant plusieurs jours, à un grand lac, mais encore la route de
Paris et le Ban-Saint-Martin. La Seille aussi déborda ,
et les abords de la ville furent inondés du côté du midi ;
les maisons de Magny étaient dans l'eau jusqu'au premier étage.

Le 29 novembre 1838, à deux heures après midi, ur
violent orage, accompagné de grêle, éclata sur la ville ;
une grande quantité de vitres furent brisées. Chose
remarquable, deux jours auparavant il avait gelé à
glace.

Voici un phénomène extraordinaire qui signala le 28
novembre de l'année 1769. On raconte que ce jour-là
des météores singuliers , dont on n'avait jamais vu de

pareils, répandirent l'épouvante dans les campagnes des cantons de Bitche, Sarreguemines et Bouquenom. C'était des globes de feu, d'un volume considérable, qui tombaient perpendiculairement avec explosion, tandis que d'autres s'élançaient horizontalement et se dissipaient sans bruit. En quelques endroits, ces feux en forme de fusée allaient d'une extrémité de l'horizon à l'autre, et leur action sur l'air était marquée par un bruit sourd semblable à celui d'un vent impétueux. Le temps était serein, mais froid, et il y avait eu pendant quelques jours de la pluie avec beaucoup de vent.

L'année dernière, nous avons eu de fortes gelées au mois de novembre et même au mois d'octobre ; c'était une précocité anormale. Cette année, la période des gelées semble vouloir attendre, comme en 1847, la lunaison de décembre. On a compté, comme chiffre moyen, le nombre de 222 jours depuis la dernière gelée du printemps jusqu'à la première de l'automne.

Cette année, le vent du nord est devenu le vent dominant à dater du 17 comme en 1847 ; mais au lieu de nous amener le beau temps comme il arrive bien des fois, il nous a donné de la neige, avec une hausse remarquable du baromètre. Cette hausse est-elle l'annonce d'une augmentation de froid, ou bien le vent du midi régnera-t-il jusqu'à la fin du mois ?

3. *Ephémérides botaniques.* — Parmi les arbres verts résineux qui sont cultivés pour l'ornement de nos parcs et de nos jardins, il y en a deux qui perdent leurs feuilles au mois de novembre. L'un est le mélèze,

le frère du cèdre du Liban, l'autre est le *Taxodium distichum*, vulg., le Cyprès chauve de la Louisiane. Ils reprendront de la verdure au printemps. Les autres, les Sapins et les Ifs, les Pins et les Cyprès, les Genèvriers et les Thuyas, dont les variétés nombreuses plaisent toute l'année, sont maintenant d'autant plus agréables à voir que de toutes parts ils sont environnés de débris.

Mais, en outre de cette importante famille, il y a un grand nombre de plantes à feuilles persistantes, dont l'horticulteur sait tirer un parti merveilleux. Il les groupe avec art pour en former ces bosquets d'hiver qui procurent les agréments d'une perspective pittoresque dans les temps les plus rigoureux, et ceux de la promenade, lorsque la température est assez douce. Ici sont des massifs d'arbrisseaux entremêlés où le Nerprun Alaterne et le Houx se font distinguer par leurs feuilles luisantes ; là c'est l'Alisier, *Cratœgus Pyracantha*, qui suggère par ses fruits rouges l'idée du *buisson ardent*. Plus loin, c'est l'épine-vinette, *Berberis vulgaris*, qui conserve ses fruits jaunes ou bleuâtres pendant tout l'automne, et on lui adjoint une autre berbéridée bien touffue, la Mahonie de Californie. Ailleurs, c'est l'Ajonc marin, qui croît plus volontiers dans les lieux incultes, mais qui, dans les bosquets, lorsque l'on vient à bout de le cultiver, produit un bel effet pendant l'hiver par ses touffes de fleurs jaunes qui rappellent le genêt d'Espagne. Ailleurs encore sont des pelouses garnies de Buis, des ruines factices avec des Palmiers nains, *Chamœrops humilis*, et des Yuccas aux feuilles d'aloës. Je n'ai pas besoin de dire que le Lierre grimpant a servi , de temps immémorial, à revêtir les murailles et les tours. Il n'y a pas jusqu'à l'humble Bruyère qui ne serve à la décoration des allées, entre les Andromèdes et les Rosages, et de distance en distance, l'Aucuba du Japon réjouit la vue par ses feuilles d'un vert luisant marbré de jaune. Enfin , si vous l'aimez , vous trouverez une grotte champêtre tapissée de mousse, de Polypode et de Doradille.

Lorsque la température est assez douce , le mois de novembre est l'époque des grandes plantations. Les chemins de fer transportent, au loin, l'espoir des parcs futurs. C'est ce que n'ignore pas le bureau de la rue d'Asfeld, établissement horticole de premier ordre, bien connu dans toute l'Europe. et jusqu'en Amérique.

4. *Ephémérides zoologiques*. — Les bois n'ont plus ni feuillage ni concerts, et, au lieu du joyeux gazouillement des passereaux, la campagne ne retentit guère que de cris rauques et de croassements. Ce sont des troupes de Corneilles grises, de Corbeaux et de Choucas, qui célèbrent leur abondance ; c'est le Milan, l'Aigle, la Buse, qui, à la vue d'une proie, font entendre des clameurs menaçantes ; et, si le calme des lieux déserts est parfois troublé à l'approche de la nuit, c'est par le gémissement de la Chouette ou par le hurlement d'une bête farouche. Joignez à ces cris sinistres le *clangor* des Oies sauvages qui viennent chercher leur station d'hiver. Les aquilons leur répondent par des sifflements aigus ou par de longs mugissements.

Dans le bel ordre des saisons et des jours , ces dissonances même appartiennent aux harmonies de la nature et font partie d'un hymne universel à la gloire du Créateur.

Ceci soit dit à l'adresse de nos musiciens qui doivent, le 22, célébrer la fête de leur glorieuse patronne.

« Pour désaigrir les amertumes de notre pauvre vie, Dieu nous a donné la musique, qui est le refrain et l'écho des chansons harmonieuses du ciel. » Le P. BINET, *Essai des merv. de la Nat.*

XII.

Décembre 1-7.

1° Ephémérides astronomiques.

SOLEIL.			LUNE		
JOURS.	Lever.	Coucher.	JOURS.	Lever.	Coucher.
1 sam.	7 h.49 m.	4 h.19 m.	25	1^h 45^m M.	1^h 48^m S.
2 dim.	7 50	4 19	26	2 48	2 14
3 lun.	7 52	4 18	27	3 50	2 41
4 mar.	7 53	4 18	28	4 50	3 10
5 mer.	7 54	4 17	29	5 49	3 42
6 jeu .	7 55	4 17	30	6 47	4 18
7 ven.	7 56	4 17	1	7 42	4 59

Dernier octant de la lunaison du 4 au 5.

N. L. le 7, à 5 h. 49 m. matin.

Le 1er décembre et les jours suivants, Vénus sera

près de l'horizon au moment du coucher du soleil ; elle se couchera vers 5 heures.

Le coucher de Jupiter sera vers 8 heures. En même temps, à l'orient, on pourra commencer à voir Mars, qui se lève cette semaine vers 7 h. 45 m. du soir.

2º *Ephémérides météorologiques.* — La dernière quinzaine de novembre a été pluvieuse, comme 1847 nous l'avait fait prévoir. Si 1866 continue d'imiter son correspondant du cycle de 19 ans, nous pouvons compter sur des vents pluvieux jusque vers le milieu de décembre. La gelée ne commencera sérieusement qu'au 2ᵉ octant, c'est-à-dire à la nuit du 12 au 13. Mais, à dater de cette nuit, nous aurons de la gelée *tous les jours,* pendant six semaines. Cette conjecture, qui n'a qu'une certaine probabilité, nous amène à l'examen d'une question aussi curieuse que difficile.

DE LA PRÉVISION DU TEMPS.

Les météorologistes n'en sont pas quittes pour enregistrer leurs observations quotidiennes. Ils ont beau s'en défendre, on attend d'eux quelque chose de plus : il faut qu'ils fournissent aux almanachs les annonces du temps qu'il doit faire tous les jours de l'année. Depuis Mathieu Lænsberg jusqu'à notre temps, voilà la spécialité des almanachs ; ce que le vulgaire y cherche plutôt que les noms des saints, ce n'est bien souvent que la prédiction d'un charlatan. Voyez cet astrologue représenté sur la couverture du volume avec un télescope et une physionomie étrange ; sans doute un tel

homme a des secrets que les autres ne connaissent pas,
il faut le consulter comme on consulte les diseurs de
bonne aventure. — Mais ne voyez-vous pas qu'il s'est
trompé maintes et maintes fois, votre astrologue? —
N'importe, il est tombé juste tel jour. Et il n'en faut
pas davantage ; on a confiance en lui comme s'il
était doué d'une science occulte et infaillible.

Un jour je disais à un éditeur : Pourquoi donc insé-
rez-vous toujours ces prédictions ridicules du beau et
du mauvais temps? Donnez-nous un almanach qui soit
pur de charlatanisme.

— Je m'en garderai bien, me répondit-il ; à cause
de ces prédictions je vends mes almanachs par milliers;
sans elles je n'en vendrais plus.

Examinons la question sérieusement. Est-il possible,
dans l'état actuel de nos connaissances, d'annoncer
avec quelque certitude le temps qu'il fera, une année,
une semaine, un jour d'avance ? Fr. Arago, après avoir
approfondi le pour et le contre de la difficulté, a cru
pouvoir déduire de ses investigations la conséquence
suivante :

« JAMAIS , quels que puissent être les progrès des
sciences, les savants de bonne foi et soucieux de leur
réputation ne se hasarderont à prédire le temps. »

Il prétend que la chose est impossible, et il étend
même cette impossibilité jusqu'au court intervalle de 24
heures. Les raisons principales qu'il en donne sont certains faits accidentels qu'on ne saurait prévoir, et qui
sont capables de modifier entièrement la température,
par exemple la rupture des glaces du nord.

Cette sentence, prononcée du haut de l'Olympe scientifique de Paris, a d'abord déconcerté ceux qui s'occupent d'observations météorologiques, et ils se sont retranchés derrière une distinction : Nous ne voulons pas nous donner comme prophètes, ont-ils dit ; nous n'avons pas la prétention de *prédire* le temps, mais il est possible de le *prévoir*, et même de le prévoir avec quelque probabilité. Puis ils se sont mis à faire de nouvelles recherches ; le télégraphe électrique est venu à leur secours, et ce même Observatoire de Paris est devenu le centre d'un système *d'observations* simultanées sur une vaste échelle. Assurément, grâce à cette belle entreprise, nous devons espérer de mieux connaître un jour les lois qui régissent l'atmosphère. En attendant, voyons quelques-unes des prévisions qui nous sont permises d'après des *observations* déjà faites.

I. *Prévisions à courts intervalles.*

C'est une croyance vulgaire et ancienne qu'il est possible de voir dans certains phénomènes du ciel ou de la terre des avant-coureurs du temps qu'il doit faire le lendemain. On vous citera même en preuve un passage de l'Evangile. Jésus-Christ n'a-t-il pas dit : « Demain il fera beau, car le ciel est rouge ? » Ce n'est pas que Notre-Seigneur ait donné ce phénomène comme une loi météorologique ; il n'a fait que citer aux Juifs un proverbe populaire, qui avait cours parmi eux. Cela suffit néanmoins pour prouver que déjà dans ce temps-là et dans la Palestine, ce phénomène avait été observé comme chez nous. Les physiciens l'expliquent par la diffé-

rence de réfrangibilité, selon que les couches atmosphériques sont plus sèches ou plus humides.

On a observé qu'à certains jours les objets lointains
paraissaient plus rapprochés, et que c'était un indice de
pluie pour le lendemain. Ce rapprochement est dù, en
effet, à une constitution hygrométrique de l'air, et par
conséquent à une plus grande réfraction. Ce phénomène
est très-connu dans certains pays, et les habitants ne
s'y trompent pas. Un jour j'en ai été le témoin et j'ai eu
lieu d'en être frappé. C'était dans une ville de la Fran-
che-Comté. J'apercevais de ma fenêtre, à l'horizon, un
petit nuage blanchâtre semblable au disque de la pleine
lune qui se lève. J'ai demandé ce que c'était. Ce que
vous voyez là, me dit-on, c'est le sommet du Mont-Blanc,
demain il pleuvra. La pluie du lendemain justifia le
pronostic, et dès lors, chaque fois que j'apercevais le
petit nuage à l'horizon, j'en concluais de la pluie pour
le lendemain. Cette conjecture ne m'a jamais trompé.

Je pourrais citer quelques effets d'hygrométrie qui ne
trompent guère : le capucin qui se couvre ou se découvre, la *pomme de pin* qui se contracte quand l'air est
humide et que la sécheresse dilate. Je pourrais citer
aussi le coassement des crapauds, le vol des hirondelles
et les diverses manières d'agir de bien des animaux, qui
sont en rapport avec l'état de l'atmosphère, et qui sont
souvent des pronostics assez sûrs. Je m'arrête plus volontiers à un insecte éminemment hygrométrique, c'est-
à-dire à cette hideuse araignée que vous êtes souvent
dans le cas de voir sortir de l'angle d'un mur. L'excessive sensibilité de l'araignée aux variations de l'atmosphère a été surtout remarquée par un naturaliste fran-

çais, dans une prison d'Utrecht. C'est Quatremère-Disjonval. Il s'exprime ainsi dans son *Aranéologie :*

Vous savez, dit-il, que plusieurs animaux sont visiblement soumis à la puissance de l'électricité naturelle ; que les grenouilles, les chats, les coqs, sentent l'arrivée des changements de temps. Mais de tous ces animaux, je ne crois pas qu'il y en ait de plus sensibles que moi et mes araignées.

Lorsque l'araignée travaille à grands fils, c'est la certitude d'un beau temps pour douze ou quinze jours au moins..

L'araignée angulaire a aussi ses phases non moins remarquables. Lorsqu'il doit faire beau, elle se présente par la tête, les pattes très-avancées. Lorsqu'il doit pleuvoir, elle fait volte-face.

Ou il n'y a pas d'araignées, ou il y en a peu, ou il y en a beaucoup ; ou les araignées ne travaillent pas, ou elles travaillent en petit, ou elles travaillent en grand. Chaque degré de ces deux alternatives donne la pluie, le variable et le beau temps, d'une manière à laquelle on ne se trompe plus, dès qu'on en a fait l'observation seulement une fois.

Le baromètre est l'instrument le plus vulgairement en usage pour prévoir le temps ; mais il renferme plusieurs mystères qui ne sont pas bien connus. On sait assez que si la colonne de mercure monte, c'est un signe de beau temps ; si elle baisse, on s'attend à la pluie. Et pourquoi cela ? Quel rapport y a-t-il entre le temps et l'élévation de cette colonne ? La raison en est simple : quand la colonne de mercure monte, c'est que l'air atmosphérique presse davantage sur la cuvette. Mais d'où vient alors que c'est un signe de beau temps ? C'est que l'atmosphère presse davantage quand elle est plus pure et plus sèche. Et voilà pourquoi, lorsque le baromètre baisse, on peut dire que l'air est dans un état d'hygrométrie qui fait présager un temps pluvieux.

Toutefois, il y a des variations brusques dont on ne connaît pas la raison. Aussi ne doit-on rien conclure d'un abaissement subit du baromètre. Mais si l'abaissement a été graduel et a duré ainsi plusieurs jours, l'annonce est plus certaine.

Phases lunaires.

L'action de la lune sur l'atmosphère est une opinion ancienne et bien répandue. Ceux qui veulent en rendre raison tirent leurs inductions des marées de l'Océan causées par l'attraction lunaire, et ils disent que les mouvements des couches atmosphériques doivent être attribuées à la même cause. Cette influence n'est pas admise par tous les météorologistes; il y en a même qui en nient la possibilité, surtout au point de vue de l'attraction. Sans comprendre la raison physique, il n'y a que le grand nombre d'observations comparées qui puisse justifier l'opinion vulgaire. Ecoutons encore Fr. Arago :

« Plus d'incertitude possible, dit-il : la lune, dans nos climats, exerce sur l'atmosphère une action, très-petite il est vrai, mais que la comparaison d'un grand nombre de hauteurs barométriques fait ressortir nettement. »

Mais il ajoute que les variations qui correspondent aux diverses phases lunaires sont l'effet d'une cause spéciale, totalement différente de l'attraction. Voilà encore une loi dont la nature et le mode d'action restent à découvrir.

Bornons-nous, pour le moment, aux observations déjà

faites et constatées par un grand nombre d'années comparées.

On ne saurait en disconvenir, il y a une différence
marquée entre les deux syzygies et entre les deux quartiers ; seulement il faut faire attention aux quatre oc-
tants, c'est-à-dire aux points intermédiaires, qui sont
le 4e, le 12e, le 19e et le 27e jour de chaque lunaison.
Souvent c'est alors que commencent les changements de
temps.

D'abord partageons la lunaison en deux périodes, la
période pluvieuse et la période de beau temps. La période pluvieuse, du moins entre le Rhin et l'Océan,
semble être ordinairement depuis la nouvelle lune jusqu'au 2e octant, et l'autre période depuis le 2e octant
jusqu'au 4e, c'est-à-dire depuis le 12e jusqu'au 27e jour
de la lunaison.

Déjà les anciens avaient fait cette remarque pour la
nouvelle lune. Dans son traité sur les signes avant-
coureurs de la pluie et du vent, Théophraste, 300 ans
avant l'ère chrétienne, dit que la nouvelle lune est
généralement une époque de mauvais temps. C'est
encore aujourd'hui une opinion assez commune, et les
observations nombreuses que j'ai pu faire depuis trente
années ne me laissent aucun doute à cet égard : sur
douze lunaisons, il y en a huit qui sont d'accord avec
Théophraste. Vous verrez souvent un très-beau temps
au dernier quartier, même pendant l'hiver, et à la nouvelle lune de la pluie ou de la neige. Néanmoins, le
changement de temps n'est pas attaché au premier
jour de la lune ; le plus ordinairement il s'annonce
deux ou trois jours d'avance. L'atmosphère demeure

ensuite dans un état incertain ou variable jusqu'au premier octant, c'est-à-dire jusqu'au quatrième jour de la lune. C'est au quatrième jour qu'on peut conjecturer si la lunaison sera belle ; quand le cinquième est d'accord avec le quatrième, la probabilité devient plus grande, et si le sixième est semblable aux deux autres, il y a presque certitude, et de là est venu le proverbe célèbre : *qualis quarta, talis tota.* Quelquefois le sixième jour, par un changement subit, fait évanouir les promesses du quatrième ; aussi a-t-on ajouté au proverbe cette correction : à moins que la lune ne change le sixième jour, *nisi mutetur in sextâ.*

Une autre observation qu'on a faite également, c'est que le nombre des jours de pluie est plus grand au périgée qu'à l'apogée ; c'est-à-dire que, toutes choses égales d'ailleurs, plus la lune est voisine de la terre, plus les chances de pluie sont grandes. Comme le périgée revient au même point au bout de huit ans et dix mois, on avait imaginé un cycle de neuf ans, et quelques astronomes avaient prétendu que, chaque neuf ans, la terre subissant la même influence, les saisons devaient se ressembler. Ce système n'a pu supporter le moindre examen et il a été bientôt généralement rejeté. Il n'en est pas de même d'un autre système dont j'ai déjà parlé et qu'il est à propos d'examiner.

Cycle de 19 ans.

C'est Fouchy, astronome de l'Observatoire de Paris, qui remarqua le premier qu'au bout de 19 ans la lune revient aux mêmes points du ciel par rapport à la terre et donne ses phases aux mêmes dates. Il invita les météorologistes à examiner les années correspondantes de ce cycle et leur annonça qu'ils devaient y trouver à peu près le même temps. Il y avait quelque chose de plausible dans cette annonce, et certes, s'il est vrai que les phases lunaires ont des influences bien déterminées sur l'atmosphère, le retour des mêmes phases aux mêmes jours solaires doit amener des chances d'analogie.

Si la nouvelle lune a été pluvieuse un certain jour, au bout de 19 ans, ce même jour devra être pluvieux pour la même cause. On peut dire qu'en fait de système, celui-là paraît le mieux motivé. Il ne s'agissait plus que de chercher dans l'examen des années correspondantes, s'il y avait eu plus ou moins de ressemblance.

Les années qui correspondent à 1866 dans le cycle de 19 ans sont 1847, 1828, 1809, etc. Si nous y cherchions une ressemblance absolue, ce serait une chimère ; car, après tout, les phases lunaires ne sont pas les seules causes qui agissent sur l'atmosphère et sur les saisons. Cependant il y a des rapports assez dignes de remarque. Ainsi, pour ces quatre années, je trouve un été pluvieux, un mois d'octobre très-beau et le retour de la pluie au mois de novembre. L'année 1866 est donc venue, pour ainsi dire, justifier le système Fouchy.

Mais, hélas ! il faut l'avouer, les autres années n'ont pas de correspondances aussi satisfaisantes. Si, par exemple, nous choisissons certaines années célèbres, nous ne leur trouvons pas la correspondance désirée. La fâcheuse année 1813 a pour correspondantes les années 1794 et 1832 dont l'hiver a été modéré. L'année 1811, fameuse par ses chaleurs et ses vendanges, **a** pour correspondante 1830, qui n'eut rien d'extraordinaire, et si vous me dites que 1811 eut une comète, je vous demanderai si la présence d'une comète est une cause qui élève la température.

Que conclure de tout cela? Que dans les années correspondantes du cycle de 19 ans il y a parfois des analogies extrêmement remarquables, qu'elles autorisent des conjectures qui vont presque jusqu'à la probabilité, et qu'au résumé le système Fouchy mérite une sérieuse attention.

Question finale.

Quelle que soit la cause mystérieuse qui donne aux phases lunaires une influence variée sur l'atmosphère, de manière à produire tantôt le sec et tantôt l'humide, il me reste une question décisive à proposer aux météorologistes : D'où viennent le sec et l'humide, et quel rapport peuvent-ils avoir avec une action quelconque de la lune? Plus simplement, quelle est la cause physique de la pluie, à certains jours? Vous me répondrez tout d'abord qu'il y a des vents naturellement humides et que le sud et l'ouest nous amènent ordinairement de la pluie. Mais qui est-ce qui fait souffler le sud et l'ouest plutôt que l'est et le nord? Est-ce la lune? Me dire que la nouvelle lune est souvent pluvieuse, c'est comme si vous me disiez qu'à la nouvelle lune il y a une cause physique ordinaire qui détermine les vents pluvieux à souffler dans certaines contrées du globe. Quelle est cette cause et comment agit-elle? Tant qu'on n'aura pas répondu à cette question, la météorologie sera remplie de mystères et la prévision du temps ne sortira pas du cercle des simples conjectures.

XIII.

Décembre 8-14.

1° *Ephémérides astronomiques.*

SOLEIL.			LUNE.		
JOURS.	Lever.	Coucher.	JOURS.	Lever.	Coucher.
8 sam.	7 h.57 m.	4 h.17 m.	2	8^h 33^m M.	5^h 45^m S.
9 dim.	7 58	4 16	3	9 19	7 36
10 lun.	7 59	4 16	4	10 0	7 32
11 mar.	8 0	4 16	5	10 37	8 32
12 mer.	8 1	4 16	6	11 10	9 35
13 jeu .	8 2	4 16	7	11 40	10 40
14 ven.	8 3	4 16	8	0 8 S.	11 46

Premier octant de la lunaison, le 11.

Pour le jour de sainte Lucie, 13 décembre, il existe un vieux proverbe qui ferait croire que c'est la date où les jours commencent à croître : *A la Sainte-Luce,* dit-il, *du saut d'une puce.* Et cependant les jours décroissent encore jusqu'au 22 décembre. C'est que ce proverbe est antérieur à la réformation grégorienne du calendrier, faite en 1582. Or, avant cette époque, l'année civile se trouvait en retard de 11 jours sur l'année solaire, en sorte que, le solstice d'hiver, arrivant le 12 décembre, les jours commençaient, en effet, à croître le lendemain, jour de sainte Luce, et le proverbe disait vrai.

2. *Ephémérides météorologiques.* — Il semble que 1866 veuille justifier jusqu'à la fin le système Fouchy : les vents du sud et de l'ouest ont dominé pendant toute la lunaison de novembre, comme en 1847. Seulement, au dernier quartier, nous avons eu le vent du nord pendant trois jours, avec une atmosphère singulièrement pure. Cette intercalation inattendue entre deux périodes pluvieuses est à remarquer. La seule cause que je puisse lui supposer, c'est une élévation accidentelle de la température dans une province du midi, qui aura déterminé *par aspiration* un courant septentrional.

Autre différence peu considérable, mais assez digne de remarque. Le jeudi 6, dernier jour de la lunaison, alors qu'ordinairement un temps pluvieux annonce la syzygie, l'atmosphère, comme si elle eût oublié son hygrométrie habituelle, nous a laissé jouir d'une grande sérénité. Pourquoi cet adoucissement de la période pluvieuse ? En voici peut-être la raison. C'est que le 6 était le jour de l'apogée. Or, nous l'avons dit, lorsque la lune est à son apogée, c'est-à-dire quand elle est plus éloignée de la terre, son action se fait moins sentir, et il n'y a pas autant de chances de pluie qu'au périgée. Le périgée doit avoir lieu le 21 décembre. Nous verrons si alors, aidé du vent du nord, il doit nous donner, non pas des pluies abondantes, mais de la neige.

Remarquons encore qu'en 1847 le vent du sud fut assez violent le 5, le 6 et le 7 décembre, surtout pendant la nuit. C'est ce que nous avons vu cette année. Complétons les observations météorologiques de la présente semaine en signalant le mardi 11 décembre. C'est le 1er octant de la lunaison, jour ordinairement décisif. En 1847, à dater de ce jour, toute la lunaison a eu le vent d'est ou le vent du nord. Nous allons voir si cette année aussi nous devrons dire *qualis quarta, talis tota*.

3. *Ephémérides botaniques.* — Pendant le mois de décembre, où tout paraît mort dans le règne végétal, il y a une famille nombreuse qui ne craint pas la froidure et dont la croissance doit attirer maintenant notre attention. Ce sont les *Lichens.* On dédaigne quelquefois ces plantes ; on est presque tenté de les regarder comme une dégénérescence, comme un défaut de la nature. C'est qu'on n'a pas pris la peine de les examiner, car elles sont intéressantes sous plus d'un rapport. Je me contenterai d'en citer quelques-unes.

Et d'abord considérez cette matière pulvérulente, ordinairement d'un vert d'émeraude, qui revêt le tronc des arbres et qui, dans les temps de neige surtout, les fait paraître comme des colonnes de bronze vert. Des botanistes ont pensé que c'est une espèce de fourrure destinée à préserver les arbres de l'atteinte du froid, et, comme c'est du côté du nord que les arbres en sont revêtus, ils disent que le vent même qui apporte le froid aux arbres des forêts, s'est chargé du vêtement qui doit les en garantir. Voyez aussi ces groupes de petites plaques jaunes sur les troncs d'arbres, sur les rochers et sur les murs, voyez ces touffes chevelues qu'on appelle vulgairement barbe des arbres, et qui tremblent au souffle de l'aquilon (*Usnea florida, Usnea barbata*). Non-seulement c'est une décoration qui plaît à l'œil ; mais si, la loupe à la main, vous en étudiez la végétation, vous y découvrirez plus d'une curiosité.

Ensuite, ce qui rend ces végétaux plus dignes de votre attention, c'est l'utilité d'un grand nombre. Quelques-uns fournissent une alimentation précieuse à plusieurs bêtes fauves. Tout le monde connaît ces petits Lichens blanchâtres en forme de buissons qui croissent au milieu de la mousse et sur les rochers arides : c'est le Lichen des rennes, *Cladonia rangiferina ;* ces animaux savent dégager de dessous les neiges leur plante favorite. Les lièvres, dit-on, s'en nourrissent aussi dans nos bois. Plusieurs autres espèces fournissent à l'homme, dans certaines provinces, un aliment plus substantiel qu'on ne le croirait à la première idée.

D'autres fournissent à l'art de guérir des médicaments utiles : tel est le Lichen d'Islande, *Physcia islandica*, qui est assez commun sur la terre parmi le gazon, et le Lichen pulmonaire, *Sticta pulmonaria*, qui croît sur le tronc du chêne et qu'on a surnommé Thé des Vosges.

Enfin, il est des espèces qui fournissent à l'industrie des matières colorantes : telles sont l'Orseille et la

Parelle, la première foliacée et la seconde crustacée , toutes deux objet d'un commerce important dans plusieurs provinces.

J'en ai dit assez, je pense, pour attirer l'attention sur cette curieuse famille.

———

3. *Ephémérides zoologiques.* — Pendant le mois de décembre, il y a, non pas une famille, mais tout l'ordre des Passereaux qui doit être signalé dans les éphémérides ; ces oiseaux inspirent maintenant d'autant plus d'intérêt que la stérilité de la saison paraît compromettre leur existence.

Les *Omnivores*, communs toute l'année, se montrent maintenant en plus grand nombre. La Pie et le Geai trouvent toujours une pâture abondante dans les vergers et les bois. Le Choucas, *Corvus monedula* L., se plaît dans les villes, mais le Freux, *Corvus frugilegus* L., ne quitte pas les campagnes. La Corneille noire , *Corvus corone* L., paraît surtout en hiver, aussi bien que la Corneille mantelée, *Corvus cornix* L. Le grand Corbeau, *Corvus corax* L., est rare dans les environs de Metz, il habite de préférence les bois de l'est et du nord de la Moselle. Accidentellement, il nous arrive de la Bohême des troupes de Jaseurs, *Bombycivora garrula.* On en a vu beaucoup en décembre 1829 et en janvier 1834. Ces derniers jours, on en a tué deux , m'a-t-on dit, dans le canton de Verny. On prétend que ces jolis oiseaux ne paraissent chez nous que dans les hivers rigoureux. Peut-être que des gelées précoces les ont chassés de leur pays.

Quant aux *granivores*, il en est qui semblent braver toutes les températures : tel est le Moineau domestique. Il en est d'autres qui ne paraissent guère que l'hiver dans notre département : le Tarin, *Fringilla spinus* L., le Pinson d'Ardennes, *Fr. montifringilla* L., le Bruant de neige, *Emberiza nivalis* L., et le Moineau soulcie, *Fr. petronia* L.

Les seuls habitants des bois de sapins et des plantations de conifères sont maintenant plusieurs passereaux que la froide saison n'en chasse pas et qui y trouvent leur nourriture préparée. Le Bec-Croisé, *Loxia curvirostra* L., profite de l'instrument que la nature lui a donné pour extraire les graines du Pin et du Mélèze, le Gros-Bec, *Coccotraustes*, l'imite quand il ne trouve plus rien sur les hêtres et sur les épines.

Parmi les passereaux *insectivores*, quoique la plupart soient obligés d'émigrer à l'automne, il en est cependant plusieurs qui nous restent fidèles et qui sont dignes d'être mentionnés. Le premier, c'est le Troglodyte, que l'on confond quelquefois à tort avec le Roitelet. Il se reconnaît comme celui-ci à sa petitesse et à la prestesse de ses mouvements. Il sautille vif et sans défiance dans le voisinage des habitations, il échappe à la vue, tant il est petit, mais on entend son joli cri *sidiriti, sidiriti*, dont il réjouit en dépit de la neige la cabane solitaire. Il niche dans les toîts de chaume et il est aimé du villageois, tandis que le Roitelet huppé, *Regulus cristatus* Cuv., plus sauvage, est allé, loin des hommes, construire son palais de mousse au fond de la forêt. Si dans les broussailles de votre voisinage, un faible ramage vous rappelle les gazouillements de la belle saison , c'est l'Accenteur Mouchet , *Accentor mo-dularis* Tem., qu'on appelle aussi Fauvette d'hiver , à cause de son chant ; au contraire des Fauvettes , il attend le printemps pour se réfugier dans les bois, et à l'époque des plus grands froids on le voit voltiger, çà et là, sur les buissons sans verdure, à la recherche des chrysalides et des larves des insectes.

Quelques autres passereaux ne trouvant plus dans les forêts leurs provisions accoutumées se rapprochent aussi des maisons ; les Alouettes et les Bruants jaunes voltigent dans les cours des fermiers et prennent leur part du grain qu'on distribue aux animaux domestiques. Quelquefois un Rouge-Gorge, qui n'a pas émigré avec les autres Rubiettes , vient visiter le villageois dans sa demeure ; on l'attire avec des miettes de pain, il profite de ce moment de fortune et paye l'hospitalité qu'on lui donne par une petite chanson.

Après toutes ces observations, je ne puis m'empêcher de penser à ce que disait notre divin Maître pour nous engager à mettre notre confiance dans la Providence :

« N'est-il pas vrai que deux passereaux ne se vendent qu'une obole , et néanmoins il n'en est pas un qui périsse et qui tombe sans la permission de votre Père céleste. »

XIV.

Décembre 15-21.

1. Ephémérides astronomiques.

	SOLEIL.			LUNE.	
JOURS.	Lever.	Coucher.	JOURS.	Lever.	Coucher.
15 sam.	8h. 4m.	4h. 17m.	9	0h 36m S.	—
16 dim.	8 5	4 17	10	1 5	0h 55m M.
17 lun.	8 6	4 17	11	1 36	2 8
18 mar.	8 6	4 17	12	2 11	3 23
19 mer.	8 7	4 18	13	2 51	4 39
20 jeu.	8 8	4 18	14	3 39	5 53
21 ven.	8 8	4 19	15	4 36	7 3

P. Q. le 15, à 5 h. 6 m. matin.

P. L. le 21, à 8 h. 58 m. soir.

Pendant cette semaine les jours décroissent encore

d'une minute ou deux par jour ; c'est la fin du décroissement.

2° *Ephémérides météorologiques.* — A égalité de
latitude, il y a une assez grande différence entre le climat de l'est et celui de l'ouest. A Cherbourg , Laval ,
Angers, Nantes, Vannes, la température moyenne est
plus élevée qu'à Paris de plusieurs degrés pendant les
mois d'hiver , et moins élevée pendant les autres mois.
La cause en est dans leur situation géographique : le
voisinage de la mer et le versant qui regarde le sud-
ouest.

Dans l'est , la moyenne absolue est toujours inférieure à celle de Paris. La raison principale en est la
chaîne des Vosges qui , depuis l'embouchure de la Moselle jusqu'au Jura , constitue un vaste réservoir d'air
froid et de neige. Une raison spéciale pour le pays
Messin se trouve dans la direction de notre rivière :
depuis Thionville jusqu'à son embouchure elle coule
vers le nord-est. Ne soyons pas étonnés que, quand la
bise vient à souffler, elle règne avec rigueur dans toute
la vallée de la Moselle.

Cette année ce sont , pendant le mois de décembre ,
les vents du sud et de l'ouest, et plus longtemps qu'on
ne l'a vu en 1846. Je ne puis expliquer ce prolongement qu'en supposant un abaissement extraordinaire de
la température dans le Canada et les Etats-Unis, en
même temps qu'un foyer d'aspiration dans le nord-est
de l'Europe.

3° *Ephémérides botaniques.* — Heureux les horti-

culteurs de l'Anjou et de la Bretagne ! Non-seulement
ils jouissent jusqu'au mois de décembre des fleurs automnales, mais ils peuvent cultiver en pleine terre bien
des plantes qui périraient l'hiver dans notre climat, le
Grenadier, le Myrte, le Laurier, le *Magnolia grandiflora,* etc. Toutefois, n'en soyons pas trop jaloux ; l'industrie a su réunir dans des espèces de palais champêtres mille curiosités végétales qui y bravent les frimas
et qui sont bien capables de nous consoler des priva-
tions que la nature nous impose en plein air. Suivons
seulement notre maître jardinier.

Il nous montre d'abord plusieurs arbustes en caisse,
dont la végétation est arrêtée et qui n'ont besoin que
d'être mis à l'abri des fortes gelées : le Grenadier qui
a perdu toutes ses feuilles, le Laurier toujours vert et
le *Nerium oleander,* qu'on a surnommé *Laurier rose* à
cause de ses fleurs. Puis, comme s'il ne regardait qu'a-
vec dédain cette collection laissée dans l'ombre, il
s'empresse de nous introduire dans l'Orangerie propre-
ment dite.

Là, s'étalent à la place d'honneur les Orangers, qui
ont donné leur nom à tout le bâtiment des plantes méridionales. Même dans le midi de la France, l'Oranger,
Citrus aurantium, L., réclame un asile pour la mauvaise saison ; il ne croît en pleine terre que dans les
îles d'Hyères. Mais partout il est l'arbuste d'ornement
par excellence et quelquefois il occupe à lui seul de
vastes orangeries. Dans la nôtre, plus modeste, il n'a
que deux ou trois représentants. A côté d'eux sont
rangées des plantes choisies de toute la région méditerranéenne : le Laurier-tin, *Viburnum Tinus,* L., de l'Es-

pagne, aussi bien que le Caroubier, *Ceratonia siliqua,* L. ; puis le Houx de Mahon avec le Terebinthe et le Pistachier de l'Archipel ; plus loin, l'Acacia Julibrissin de Constantinople, le Palmier nain, *Chamærops humilis,* L., de la Sicile, et le Jujubier, *Rhamnus zizyphus,* de la Grèce ; enfin l'Arbousier des Pyrénées, *Arbutus Unedo,* L., garni de fleurs blanches tout l'hiver, tandis que son congénère des Alpes est surnommé *Raisin d'Ours, Arbutus Uva ursi,* L.

Cette première revue , si elle ne nous offre guère de fleurs, a néanmoins cela d'intéressant que les feuilles persistantes et d'un beau vert nous donnent comme une idée de la végétation printanière. Continuons notre promenade.

Le *Pittosporum undulatum,* des Canaries, nous conduit au cap de Bonne-Espérance. Là se trouvent plusieurs Aloës avec des plantes grasses, *Rochea falcata* et *Crassula lactea,* L., dont les petites fleurs en étoiles blanches dureront jusqu'au mois de février, puis des touffes de Bruyères, *Erica campanulata, Erica hyemalis,* L., dont les petites fleurs purpurines nous rappellent les bruyères du Nord ; puis, à côté de la Cinéraire à fleurs bleues, *Agathea amelloïdes,* D. C., s'élève le *Protea argentea,* L., qui forme dans la région du Cap des forêts entières d'arbres aux feuilles argentées.

Plus loin, c'est l'Amérique méridionale , qui est ici représentée par l'Agave du Mexique. Cette plante, qu'on prendrait pour un énorme Aloës et qui s'est naturalisée dans la région méditerranéenne, sert à faire des haies impénétrables en Algérie. On la nommait jadis la Fleur de cent ans ; comme elle n'était jamais

parvenue à la floraison dans nos jardins les mieux entretenus, on racontait qu'il lui fallait cent ans pour
fleurir, et qu'alors la floraison s'annonçait par un bruit
semblable à un coup de canon. Ce qu'il y a de vrai,
c'est que l'Agave, dans son pays natal, ne fleurit guère
qu'au bout de six ans, il fleurit quelquefois en Italie,
après un quart de siècle; c'est presque chose inouïe
dans le nord de la France, malgré la faveur et les soins
dont il est entouré. Mais, soit dans le midi, soit dans
le nord, quand il se décide à fleurir, c'est un événe-
ment : alors la hampe croît pour ainsi dire à vue d'œil,
et dans l'espace de huit jours elle porte à la hauteur de
25 pieds sa girandole de mille fleurs, phénomène végétal des plus curieux que j'ai eu l'occasion de voir une
fois au jardin botanique de Bruxelles. Voilà le présent
insigne que l'Amérique méridionale a fait à nos orangeries ; elles doivent à l'Amérique du Nord la Passiflore
bleue, l'Yucca à feuilles d'Aloës, une éphémérine à
fleurs roses et le *Magnolia grandiflora* que nos jardiniers n'osent guère hasarder en pleine terre.

Que si nous voulons continuer notre voyage horticole
et pénétrer jusqu'à nos antipodes, nous trouverons que
l'Australie a richement payé son tribut à nos serres
froides et à nos orangeries. On y admire plusieurs
conifères singuliers : le Pin de Norfolk et l'*Araucaria*
de la Nouvelle-Calédonie ; plusieurs myrtacées qui reprendront à la belle saison leur place d'honneur dans
le parc : le *Metrosideros* de la Nouvelle-Zélande et le
Melaleuca de la grande île océanienne ; plusieurs *Acacias*
dont les grappes de fleurs jaunes se montrent en automne et en hiver : l'*Acacia dealbata*, Link, aussi de

la Nouvelle-Hollande, et l'*Acacia vestita*, Ker., de Sainte-Hélène; enfin une liliacée précieuse, le *Phormium tenax*, qu'on a surnommé le Lin de la Nouvelle-Zélande.

Le jardinier pourrait encore vous montrer deux serres froides spéciales, l'une pour les *Pelargoniums*, l'autre pour les *Camellias*. Mais il nous dit que ce n'est pas l'époque favorable. Le Pélargonium, ce complément obligé des vases Médicis, brillera en été sur les terrasses. Quant aux *Camellias*, ils entreront en floraison au mois de février ; c'est alors qu'il faudra revenir les visiter.

———

4. *Ephémérides zoologiques*. — Quand le froid est modéré, on voit encore dans ce mois des Rales et des Poules d'eau sur les étangs garnis d'herbes et de joncs. L'Alcyon Martin-Pêcheur, qui fait son nid au bord de l'eau, n'abandonne les étangs et les rivières que quand la surface est gelée, il poursuit même sa proie jusque sous la glace. Le Grèbe huppé, *Podiceps cristatus*, Lath., n'est pas rare en hiver sur la Seille.

Les poissons eux-mêmes sentent le froid qui augmente ; la Carpe s'enfonce dans la vase.

Le Lézard s'est caché et le Crapaud a trouvé un abri dans le creux d'un rocher. Les Salamandres terrestres sortent des mares pour n'y rentrer qu'au printemps ; les Tritons ou Salamandres aquatiques restent dans leur séjour habituel ; celles qui seront prises par un glaçon continueront d'y vivre.

———

XV.

Décembre 22-28.

1° *Ephémérides astronomiques.*

SOLEIL.			LUNE.		
JOURS.	Lever.	Coucher.	JOURS.	Lever.	Coucher.
22 sam.	8 h. 9 m.	4 h.19 m.	16	5^h 40^m S.	8^h 7^m M.
23 dim.	8 9	4 20	17	6 50	9 2
24 lun.	8 10	4 20	18	8 3	9 46
25 mar.	8 10	4 21	19	9 15	10 24
26 mer.	8 10	4 22	20	10 25	10 57
27 jeu .	8 10	4 22	21	11 32	11 26
28 ven.	8 11	4 23	22	— —	11 53

Solstice d'hiver le 22, à 1 heure 1/4 du matin. Alors,
suivant les termes des observations anciennes, on dit

que le soleil entre dans le signe du Capricorne, et c'est le commencement de l'hiver astronomique.

Le 3ᵉ octant de la lunaison est du 24 au 25, et le dernier quartier le 28, à 7 h. 48 m. soir.

Cette semaine, Vénus n'est plus visible le soir ; son coucher précède d'une heure celui du soleil. Mais comme elle se lève deux heures avant lui, on peut la voir à l'orient à 6 h. 1/2, et alors on l'appelle vulgairement l'*Etoile du matin*. Voyez aussi le lever de Mars à 6 h. du matin, et le coucher de Jupiter à 7 h. du soir.

———

2° *Ephémérides météorologiques.* — Pour le commencement de l'hiver, la météorologie n'est pas toujours d'accord avec l'astronomie. D'abord, c'est une chose qui paraît singulière que le froid augmente au moment où les jours commencent à croître. Du moins c'est ce qui arrive le plus ordinairement, et il est facile d'en comprendre la raison : l'accroissement de quelques minutes est bien peu de chose et ne saurait prévaloir sur celui des frimas que le vent du nord commence à nous apporter.

Autre différence plus singulière. Quelquefois l'hiver n'attend pas le solstice pour nous faire sentir ses rigueurs. Ainsi en 1859 il y eut un froid extraordinaire dans le milieu de décembre. D'après les observations de l'Ecole d'application, nous eûmes cette année-là —8° le 15 décembre, —10 le 16, —9,4 le 17, —10 le 18, —16 le 19, —15,4 le 20 et —15 le 21. Puis la température s'est adoucie et le mois de janvier fut presque sans gelée : le minimum fut —2, le 11.

Ainsi un excès en annonce un autre contraire et cette réaction a besoin d'être étudiée. A cet égard il existe dans nos campagnes des pronostics anciens qui ne sont pas à dédaigner. Ainsi, par exemple , on dit vulgairement : *Blanc à Noël, vert à Pâques ;* puis l'inverse : *Vert à Noël, blanc à Pâques.*

Quoi qu'il en soit, le solstice est l'époque normale de l'hiver. Alors commence presque toujours cette triste saison des neiges et de la gelée, que nos aïeux ont représentée sous l'emblème d'un vieillard décrépit :

> Son front déshonoré par l'injure des ans
> Ou n'a plus de cheveux, ou n'en a que de blancs.
>
> Desaintange.

Cette année-ci, le froid, conformément aux annonces de 1847, est enfin venu arrêter l'obstination de la période pluvieuse. Il l'emportera sans doute , malgré les courants inférieurs qui luttent encore contre lui. Mais il n'est que le précurseur du vent du nord. Celui-ci doit lui succéder, et une fois maître , il régnera pendant tout le mois de janvier, sans beaucoup de résistance, et j'ajoute volontiers sans beaucoup de rigueur.

3° *Ephémérides botaniques.* — Une seule plante fleurit maintenant en pleine terre, c'est une Hellébore , *Helleborus niger* L. , que les jardiniers appellent *Rose de Noël,* fleur pâle et fétide qui mériterait peu d'attention si elle n'était pas la seule, et si le nom qu'elle porte ne lui communiquait pas un certain charme.

Allons visiter une serre chaude , et le jardinier nous montrera une plante qui porte un surnom semblable et qui est plus digne d'attirer nos regards. C'est une Euphorbiacée du Mexique, *Poinsettia pulcherrima*. La fleur qui vient de s'épanouir est verdâtre, mais elle a une collerette magnifique de bractées écarlates. Les Mexicains ont appelé cette belle plante la *Fleur de la bonne nuit*, parce que c'est à Noël surtout que sa floraison est brillante et aussi parce qu'ils s'en servent pour orner les autels à la messe de minuit.

———

4° *Ephémérides zoologiques.* — Lorsque la gelée a durci la terre, toute la surface paraît morte, mais au-dessous vous trouverez encore la vie. Si vous soulevez quelque pierre ou une motte, vous y verrez peut-être des Iules aux mille pattes, des Scolopendres ou des Cloportes qui s'agitent effrayés de la lumière; à côté sont des œufs d'araignées, des larves de coléoptères ou des chrysalides de smérinthes et de sphinx qui attendent le soleil de mars pour achever leur métamorphose. Peut-être y trouverez-vous aussi un petit coléoptère au corps brun, aux élytres bleuâtres, qui, de crainte ou de colère, fera entendre à votre approche une explosion lilliputienne pour vous éloigner : c'est le *Brachynus crepitans*.

L'Escargot a fermé sa coquille, et dans cette espèce de tombeau il bravera le vent du nord et les rigueurs de la gelée, puis il en sortira au printemps pour recommencer à faire ses ravages accoutumés, si le jardinier ne l'écrase pas.

Les Lombrics s'enfoncent bien avant dans la terre pour s'y former une retraite jusqu'aux premiers beaux jours.

Il est curieux de voir comment les plus viles bestioles savent se procurer pour la mauvaise saison un asile approprié à leur mode d'existence. Le Mouton et les autres animaux domestiques sont privés d'un pareil instinct ; mais ils ont un serviteur chargé d'y suppléer : l'homme a mis son industrie à leur préparer un gîte et des provisions.

———

5° *Ephémérides philosophiques.* — Suivant les époques, la nature parle à l'homme un langage différent. A l'entrée de l'hiver, prêtons-lui l'oreille. Il y a dans les derniers jours de décembre quelque chose de mélancolique et de mystérieux qui porte à la méditation. Ce n'est plus cet élan de joie qui semblait s'élever naguère vers les splendeurs du ciel de chaque plante et de chaque être vivant ; ces nuages obscurs et ces tapis de frimas qui couvrent la terre comme d'un linceul font taire tous les bruits et inspirent des pensées sérieuses, accompagnées d'une jouissance intime. Et si parfois l'atmosphère soupire au souffle de l'aquilon, cette voix gémissante n'est pas sans charme. J'ai lu dans un auteur anglais une réflexion qui m'a frappé :

« En hiver, quand l'aquilon gronde et que la nuit arrive, il est agréable de prêter l'oreille au tumulte extérieur ; on goûte un plaisir mélancolique et intime, lorsque, placé devant un bon feu, les pieds appuyés sur le tapis, garanti par les volets fermés et les amples replis des rideaux qui tombent sur le parquet, on entend les cris gémissants du vent qui secoue la forêt voisine et qui siffle dans les toitures. Vous diriez que des misérables sans abri sont à votre porte, et hurlent en vous demandant l'hospitalité. »   Revue Britannique. Mai 1832.

Que dites-vous ? homme impitoyable. Quoi ! l'accent

de la douleur vous charme les oreilles ? En vérité, cette réflexion égoïste d'un heureux du monde, ce contraste du *confortable* et de la misère abandonnée serre le cœur. Le blaireau dort dans sa tanière, la chouette se réjouit dans son réduit obscur, le bœuf et la brebis sont soignés dans leur étable, pourquoi faut-il que des hommes gémissent à la porte du riche, sans abri, sans feu, sans nourriture ?...

Un philosophe essaye de vous en donner la raison :

« Les riches, prévenus dans tous leurs besoins par les hommes, n'attendent plus rien de Dieu. Ils passent leur vie dans leurs appartements, où ils ne voient que des ouvrages de l'industrie humaine, des lustres, des bougies, des glaces, des secrétaires, des chiffonnières.... Ils viennent à perdre insensiblement de vue la nature. »　　B. de Saint-Pierre.

La réflexion est assez juste. Mais je lui réponds que la nature seule n'aboutit aussi qu'à l'égoïsme ; les progrès mêmes de la civilisation achèvent d'éteindre, dans ceux qui en jouissent, les derniers sentiments d'humanité, et lorsque la prospérité matérielle augmente quelque part, elle y répand un poison mortel, celui du sensualisme. Voulez-vous connaître le seul antidote efficace contre ce vice de la nature ? Allez à l'étable de Bethléem.

XVI.

Décembre 29-31.

1. *Ephémérides astronomiques.*

	SOLEIL.			LUNE.	
JOURS.	Lever.	Coucher.	JOURS.	Lever.	Coucher.
29 sam.	8 h. 11 m.	4 h. 24 m.	23	0h 37m M.	0h 19m S.
30 dim.	8 11	4 25	24	1 40	0 46
31 lun.	8 11	4 26	25	2 41	1 14

Comme on le voit, sur la fin de décembre, il y a une minute d'accroissement par jour au coucher du soleil, sans variation le matin.

2. *Ephémérides météorologiques.* — Observations de la fin de décembre 1847 :

Le 29, gelée le matin, —2,0 ; à midi, vent de sud ; nuages.

Le 30, gelée le matin,—5,5 ; à midi, vent d'est; ciel voilé.

Le 31, gelée le matin, —2,5; à midi, vent d'est ; ciel voilé.

Cette température n'avait rien d'anormal et n'annonçait rien d'extraordinaire pour le mois de janvier. Il en sera peut-être de même cette année-ci. Arrêtons-nous à quelques observations que nous fournit le passé sur la température des hivers.

Quand on compare les années entre elles, on est frappé de voir combien le minimum de la température varie non-seulement de degré, mais encore de date. Tantôt les fortes gelées se font sentir à la fin de décembre, tantôt elles n'arrivent que vers le mois de février. Quelquefois, après un début précoce et très-rude, l'hiver s'adoucit tout à coup, et des neiges intempestives épouvantent le mois d'avril. D'autres fois enfin la gelée prend une intensité extraordinaire et devient un fléau qui fait périr les animaux et les plantes, et auquel bien des hommes succombent.

Lorsque nous lisons dans les historiens que la mer Baltique est quelquefois gelée à une grande profondeur, que des routes avec des auberges s'établissent alors sur les flots, et que des voyageurs passent à pied et à cheval de Norwége en Danemarck et de Suède en Poméranie ; lorsque nous lisons qu'en 1658 les Danois et les Suédois se battirent sur une mer de glace, au milieu de la neige, ces récits nous frappent sans beaucoup nous étonner ; nous pensons qu'à cette latitude, l'hiver doit être souvent d'une rigueur extrême, que les hommes y sont habitués, et que, d'ailleurs, il n'y a pas de plantes compromises. Mais il arrive quelquefois des gelées extraordinaires qui s'étendent jusqu'aux contrées méridionales de l'Europe.

Tel fut le fameux hiver de 763 à 764, qui fit geler jusqu'à la mer Noire et le Bosphore, et où les habitants de Constantinople craignirent un instant l'extinction entière des hommes et des animaux.

Pendant l'hiver de 860, la mer Adriatique fut gelée. En 1234, des voitures chargées passèrent sur la mer, en face de Venise. Le port de Gênes gela le 25 décembre 1493, et celui de Marseille, le jour de l'Epiphanie, en 1507, etc.

Quant à la France septentrionale, il est arrivé bien souvent que l'hiver a causé des ravages. Nos chroniqueurs sont remplis de détails sur les rivières qui furent prises par la gelée, sur les vignes et les blés qui périrent, et sur les famines qui s'ensuivirent ; je signalerai seulement un fait singulier que le froid produisit plusieurs fois : le vin qui gela dans les caves.

En 1544, lorsque Charles-Quint fit assiéger Luxembourg, « *les gelées furent si fortes,* nous dit la chronique de Du Bellay, *qu'on départoit le vin de munition à coups de cognée, et que les morceaux se débitoient dans des paniers.* » X. 478.

Dans des temps plus rapprochés de nous, il y eut des hivers mémorables ; nous aurons occasion d'en parler.

XVII.

1° *Ephémérides astronomiques.*

	SOLEIL.			LUNE.		
JOURS.	Lever.	Coucher.	JOURS.	Lever.	Coucher.
1 mar.	8 h.11 m.	4 h.27 m.	26	3^h 41^m M.	1^h 45^m S.
2 mer.	8 11	4 28	27	4 40	2 18
3 jeu .	8 11	4 29	28	5 36	2 57
4 ven.	8 11	4 30	29	6 25	3 41
5 sam.	8 10	4 31	30	7 16	4 31
6 dim.	8 10	4 32	1	8 0	5 20
7 lun.	8 10	4 33	2	8 39	6 25

Du 2 au 3, dernier octant de la lunaison.

N. L. le 6, à 0 h. 54' matin.

Lorsque le mois de janvier nous laisse jouir de quelques belles soirées où l'air est pur et la température assez douce, il faut profiter de cette faveur pour contempler les constellations d'hiver : c'est alors que les plus brillantes sont visibles. La plus belle de tout le ciel se montre cette semaine à l'horizon, faisons connaissance avec elle ; c'est Orion, qui porte le nom d'un héros de la mythologie grecque. On le distingue à quatre étoiles disposées en forme d'X, avec trois autres placées obliquement. Celles-ci représentent le baudrier, les quatre autres sont les deux épaules et les deux pieds du héros. L'épaule droite est de première grandeur aussi bien que le pied gauche. Cette constellation était de mauvais augure chez les anciens nautoniers de l'Italie, parce que l'époque où elle se montre est celle où la mer Méditerranée commence à être bouleversée par les tempêtes.

Le baudrier d'Orion n'a offert à nos bons aïeux que l'image des trois rois et le signal d'une fête domestique. En vérité je trouve plus de charme dans ce naïf emblème que dans la fable des Grecs.

2. *Ephémérides météorologiques.* — Au nouvel an, lorsque la société tout entière est dans l'animation et que tous les cœurs sont épanouis, la nature est dans la torpeur ; l'atmosphère et la surface de la terre, tout paraît mort ; l'hiver seul règne sur les villes et les campagnes et les couvre de frimas comme d'un linceul. Ce n'est que par une exception rare que les premiers jours de janvier jouissent d'une température assez douce, et

alors même on n'est pas sans inquiétude, car l'hiver est plus rigoureux, dit-on, quand il est tardif. On sait que les terribles hivers de 1709 et 1740 n'ont commencé qu'à l'Epiphanie. On avait été sans gelées jusqu'au 5 janvier au soir, et bien des personnes s'imaginaient qu'il n'y aurait point d'hiver. Cette année-ci il y en a qui ont fait la même réflexion, et je tremble que le vieillard morose ne l'ait entendue ; il s'en vengera peut-être.

En l'année 1776, l'hiver, qui fut très-rigoureux, ne commença guère qu'au mois de janvier.

En 1784, après un froid de 15°, il y avait eu dégel le 1er janvier, et l'on s'en félicitait comme si les fortes gelées étaient finies; mais le froid reprit avec plus d'intensité, en sorte qu'on en tirait déjà des conclusions pour le système alors en vogue du refroidissement graduel de la terre. On s'attendait à n'avoir désormais que des hivers toujours plus rigoureux. Heureusement ce système s'est trouvé faux comme beaucoup d'autres. Cependant il y eut encore plusieurs hivers mémorables.

En 1788, dès la fin de décembre, le thermomètre descendit, à Paris, jusqu'à 18°, et au commencement de janvier, non-seulement la Moselle et le Rhin furent gelés, en sorte que des voitures chargées purent les traverser ; mais sur les côtes de la Manche, il n'y avait pas moins de quatre lieues de mer couvertes d'une glace épaisse.

L'hiver de 1795, non moins rigoureux fut signalé par un fait unique dans l'histoire : la flotte hollandaise, arrêtée à l'ancre par les glaces, fut capturée par la cavalerie de la République française. On peut encore citer parmi les hivers rigoureux ceux de 1799, de 1813 ! de 1819-1820. Dans ce dernier, le thermomètre descendit à Metz jusqu'à 16°. Le plus long et le plus désastreux des hivers de ce siècle a été celui de 1829-1830, qui dura depuis le milieu de novembre jusqu'au milieu de mars, et qui fit périr une quantité innombrable de végétaux. Espérons qu'il ne faudra pas ajouter 1867 à cette liste.

Quoi qu'il en soit, voici le tableau de la première semaine de janvier 1848; nous y mettons pour chaque jour le *minimum* de hauteur du baromètre et du thermomètre, avec l'état du ciel dans le courant de la journée :

J.	BAR.	THER.	ÉTAT DU CIEL.
1	743,80	— 2,7	Vent de S. O. gelée, ciel couvert.
2	748,22	— 1,5	— S. E. dégel, id.
3	750,50	— 5,6	— S. O. gelée, ciel nuageux.
4	749,44	— 6,2	— E. id. id.
5	744,13	— 8,1	— E. gelée, ciel couvert.
6	738,23	— 0,0	— S. E. dégel, neige.
7	739,80	— 4,7	— N. E. neige la nuit.

Ce tableau est présenté ici, non pas comme une annonce du temps pour cette semaine, mais comme un curieux objet d'étude comparée.

3. *Éphémérides botaniques.* — C'est l'époque la plus stérile de l'année : les plantes dorment leur sommeil et même on dirait que ces rameaux hérissés et dépouillés de feuilles sont frappés de mort. Mais enlevez l'épiderme, vous retrouverez un signe de vie dans le beau vert de l'enveloppe herbacée.

La Rose de Noël, *Helleborus niger,* continue de

fleurir; on la distingue à peine des neiges qui la couvrent. Y a-t-il encore une autre fleur qui soit prête à se montrer cette semaine en pleine terre? Oui; si la température est douce, le *Daphne mezereum* peut laisser épanouir ses jolies petites fleurs odorantes. On l'appelle vulgairement Bois-gentil ou Jolibois, et il a mérité d'être cultivé avec le *Daphne laureola*. Celui-ci, quoique du Midi, ne craint pas nos hivers et fleurit au mois de janvier. Les jardiniers cultivent aussi en pleine terre une autre plante du Midi, qui fleurit maintenant, c'est le *Tussilago suaveolens*, Desf., dont les fleurs en thyrse rappellent l'héliotrope, ce qui l'a fait nommer héliotrope d'hiver.

4. *Ephémérides zoologiques.* — Pendant l'hiver, on voit paraître accidentellement des oiseaux qui sont comme étrangers à ces pays-ci, ce sont principalement les oiseaux pêcheurs, qui séjournent de préférence vers l'embouchure des rivières, mais qui, trouvant leurs stations accoutumées prises par la glace, sont forcés d'aller chercher fortune ailleurs et s'égarent parfois le long des rives de la Moselle. Tel est l'Aigle pygargue, le plus grand de nos rapaces, que des chasseurs ont confondu plus d'une fois avec l'Aigle royal. Tel est encore le Busard harpaye qui fréquente les marais. C'est ainsi qu'on voit, par hasard, dans nos environs, des oiseaux de mer, des Mouettes, des Goëlands, etc. Un oiseau de tempête, *Procellaria pelagica*, L., a été tué en 1822, dans les environs de Thionville.

On a remarqué souvent que les oies sauvages pas-

sent et repassent plusieurs fois dans le même canton ;
c'est pour la même cause. Quand la caravane trouve
une station prise par la glace, le signal du départ est
donné ; aussitôt elle prend son vol pour une station
plus méridionale.

XVIII.

(Janvier 8-14.)

1° *Ephémérides astronomiques.*

SOLEIL.			LUNE.		
JOURS.	Lever.	Coucher.	JOURS.	Lever.	Coucher.
8 mar.	8 h.10 m.	4 h.34 m.	3	9h 14m M.	7h 27m S.
9 mer.	8 9	4 36	4	9 43	8 31
10 jeu .	8 9	4 37	5	10 14	9 37
11 ven.	8 8	4 38	6	10 41	10 45
12 sam.	8 8	4 40	7	11 9	11 54
13 dim.	8 7	4 41	8	11 38	— —
14 lun.	8 7	4 42	9	0 9	0 50 M.

Le 10, premier octant.

Le 13, à 4 h. 58 m. du soir, premier quartier.

2. *Ephémérides météorologiques.* — Les jours du plus grand froid tombent en général pendant la deuxième semaine de janvier.

Le minimum moyen de la température est à Metz — 12°, et il arrive le plus ordinairement le 12 ; à Paris, c'est le 14.

En 1848, le minimum fut aussi — 12° à Metz, mais il n'arriva que le 28 janvier.

En 1740, le minimum eut lieu aussi le 10 janvier, mais il descendit beaucoup plus bas ; la glace de la Moselle eut, dit-on, jusqu'à 27 pouces d'épaisseur, et des canaux de fer des fontaines furent fendus, même à plusieurs pieds sous terre.

En 1854, le minimum extraordinaire de — 17° fut le 27 décembre. Les deux premières semaines de janvier furent remarquables par l'abondance excessive des neiges, qui occasionna beaucoup de malheurs. Tous les jours on entendait de tristes récits : des enfants ou même des hommes avaient été trouvés morts dans la neige ; des voyageurs avaient été attaqués par des loups ; sur le chemin d'Hayange, un voiturier, attaqué par ces animaux, eût été dévoré sans les allumettes chimiques dont il se servit pour les faire fuir.

Dans beaucoup de cantons, les communications furent interrompues. On a cité un beau trait des habitants de Pierrevillers. Par l'ordre du maire, il y en eut deux cents qui se transportèrent sur la route de grande communication de Metz à Clouange, et, en quelques heures de travail, ils pratiquèrent une tranchée suffisante pour le parcours des voitures.

On racontait que dans un village le poids de la neige

avait fait enfoncer la toiture d'une cabane, qu'une
pauvre mère y avait été écrasée, et qu'avec peine on
avait pu sauver ses deux enfants.

Le 12 janvier de cette année mémorable, au lieu
d'avoir le minimum de température, on eut le dégel, et
alors la fonte des neiges ayant fait déborder la Moselle
et la Seille, on vit la vallée de la Seille et le pré Saint-
Symphorien entièrement inondés.

Voici maintenant le tableau de l'année 1848 pour
cette semaine ; c'est l'année qui nous intéresse.

J.	BAR. min.	THER. min.	VENTS.	ÉTAT DU CIEL.
8	738,50	— 7 5	S. E.	Ciel couvert.
9	743,00	-- 9,8	E. ass. fort.	Ciel voilé.
10	747,85	— 7,8	N. fort.	id.
11	752,50	— 9,8	id.	Beau.
12	753,20	—12,0	N. ass. fort.	Beau.
13	745,20	-- 2,0	N. N. O.	Dégel.
14	748,00	— 2,0	N.	Neige.

3. *Ephémérides botaniques.* — Si les progrès de
notre industrie ont un côté intéressant et digne de tous
nos éloges, c'est, à mon avis, dans la floriculture qu'il
faut le chercher. Toutes les parties du monde viennent
lui payer leur tribut, et rien n'est comparable aux merveilles végétales qu'elle obtient tous les jours. Pendant
que les campagnes sont couvertes au loin par la neige,
entrons dans une serre, où, par le moyen d'une chaleur artificielle, des plantes exotiques trouvent au milieu
de janvier la saison dont elles jouiraient dans leur
patrie. Là nous trouverons peut-être le Bananier des
Indes, *Musa paradisiaca* L., avec ses longues et larges feuilles, et à côté de lui la Strelitzia de la Reine,

qui vient du Cap et qu'on distingue à la grande spathe rouge qui contient ses fleurs. Nous y verrons plusieurs Amaryllis du Mexique, remarquables par leurs pétales écarlates. Un Arum du Brésil y fleurit aussi peut-être ; mais si on le cultive, c'est pour le mérite de ses feuilles ovales, d'un rouge vif au centre et d'un beau vert sur les bords ; les botanistes l'ont appelé *Caladium bicolor*.

Ce qui attire particulièrement nos regards, c'est la singulière famille des Orchidées, où l'œil étonné croit apercevoir, au lieu de fleurs, des insectes monstrueux, et dont quelques-unes, telles que les Cypripèdes, portent un labelle creux et renflé en forme de sabot. Le Cypripède commun, ou Calcéole, fleurit au printemps dans les campagnes boisées, et les villageois l'ont appelé *Sabot de la Vierge* ; le Cypripède gracieux du Népaul fleurit en serre chaude au mois de janvier. Nous pourrions beaucoup prolonger cette revue, mais si vous avez la chance de visiter une serre chaude, un amateur de plantes exotiques aura du plaisir à vous y montrer les conquêtes que nos horticulteurs font sur la nature.

A défaut de serres, vous pouvez avoir, sans sortir de vos appartements, quelques échantillons de leurs merveilles ; car c'est encore là un des côtés intéressants de l'industrie moderne. Le temps n'est plus où l'on se trouvait fier d'avoir sur sa cheminée quelques carafes avec de modestes Jacinthes ou des Narcisses de Constantinople. On force la nature pour hâter la floraison du brillant Duc de Thol, *Tulipa suaveolens* Roth. On a su faire du Réséda odorant un arbuste hivernal, et, pendant toute la mauvaise saison, la Primevère de la

Chine, mêlée à la Pervenche de Madagascar, donne l'idée du printemps.

Ce n'est pas assez dire : l'industrie des bronzes, l'ébénisterie et la céramique sont venues en aide à nos caprices, et, depuis quelque temps, dans les salons tant soit peu fortunés, on voit des vases de toutes formes garnis de verdure et de fleurs. Ici s'étalent des Bégonias de la Nouvelle-Grenade, avec leurs feuilles ovales et obliques, vertes en dessus, d'un rouge foncé en dessous. Là sont des jardinières suspendues qui portent dans de la mousse les Orchidées les plus étranges ; le vestibule même et les escaliers ont aussi leur décoration de feuillage et de corbeilles fleuries ; c'est comme l'avenue qui conduit à un vrai paradis terrestre. Les anciens ne connaissaient pas ce genre de délices.

———

4. *Ephémérides zoologiques.* — Les campagnes sont désertes et silencieuses. Mais parfois, dans les hivers rigoureux, elles retentissent de hurlements de détresse : c'est un loup que la faim chasse des bois et qui s'approche des lieux habités. Alors aussi le glapissement du renard se fait entendre dans le voisinage des hameaux ; il contrefait, dit-on, sa voix pour mieux tendre ses embûches, et plus fréquemment encore, il trompe l'œil de l'homme, pénètre dans la basse-cour et choisit ses victimes.

L'hiver a aussi ses ouragans, et alors les passereaux nous donnent quelquefois des pronostics aussi sûrs que ceux du baromètre. On en voit des légions nombreuses voler à tire d'aile en venant du nord, et le lendemain arrive la bourrasque neigeuse qui les faisait fuir. En 1843, les journées du 12 au 16 janvier ont été signalées dans toute l'Europe par de grandes perturbations atmosphériques, et la violence du vent fut extrême le 13, dans plusieurs provinces. Ce qu'on remarqua dans certaines localités, ce fut l'apparition d'une quantité innombrable de petits oiseaux, Bruants, Linottes, Pinsons, qui, deux jours d'avance, paraissaient fuir en désordre l'ouragan dont on était menacé.

XIX.

Janvier 15-21.

1. *Ephémérides astronomiques.*

	SOLEIL.			LUNE.	
JOURS.	Lever.	Coucher.	JOURS.	Lever.	Coucher.
15 mar.	8h. 6 m.	4 h. 44 m.	10	0ʰ 45ᵐ S.	2ʰ 17ᵐ M.
16 mer.	8 5	4 45	11	1 28	3 30
17 jeu.	8 4	4 47	12	2 19	4 41
18 ven.	8 4	4 48	13	3 18	5 47
19 sam.	8 3	4 50	14	4 24	6 46
20 dim.	8 2	4 51	15	5 35	7 36
21 lun.	8 1	4 53	16	6 48	8 18

Le 17, 2ᵉ octant. — Du 18 au 19, périgée.

Le 20, à 8 h. du matin, P. L.

2. *Éphémérides météorologiques.* — Quelquefois cette semaine dispute à la précédente le privilége d'avoir le *minimum* de température. Ainsi le 21 janvier 1838 le thermomètre descendit jusqu'à — 18°,5.

Ce n'est pas une forte gelée accidentelle qui est calamiteuse, mais plutôt une suite trop prolongée de gelées même médiocres. Ce qui inspire le plus de crainte aux agriculteurs , pendant le mois de janvier , c'est une douceur anormale de température.

Ainsi, en 1834, il n'y eut pas une seule gelée au mois de janvier, et déjà, dans plusieurs campagnes, on ne voyait pas sans inquiétude les champs de colza commencer à fleurir. Heureusement, cette année, l'hiver n'a pas revendiqué ses droits.

En 1837, le mois de janvier fut encore plus beau ; les bordures de primevères étaient aussi fleuries qu'au mois d'avril. Mais cette anomalie coûta cher : avril fut chargé de toutes les neiges de janvier.

En 1846, la température de l'hiver fut aussi très-douce et d'autant plus remarquable qu'elle fut suivie dans toute la France de très-fortes chaleurs au printemps et à l'été. A Metz, le *maximum* s'est élevé jusqu'à 34°, le 1er août.

En 1853, il y avait des violettes au nouvel an , et sans quelques petites gelées qui vinrent arrêter la végétation , le printemps eût pris la place de l'hiver. 1856 et 1865 eurent aussi le privilége d'un hiver doux sans préjudice de la belle saison, et remarquez bien que 1834 et 1853, 1837 et 1856, 1846 et 1865 sont des années correspondantes du cycle de 19 ans.

Cette année 1867 a joui d'une première quinzaine

plus douce que son correspondant 1848 ; elle paraît néanmoins vouloir conserver assez d'analogie pour justifier le système Fouchy.

Voici le tableau de 1848 pour cette semaine :

JOURS.	BAROM.	THERMOM.	VENTS.	ÉTAT DU CIEL.
—	min.	min.	—	—
15	745,18	— 9,5	E. N. E.	Couvert.
16	743,34	— 6,0	S. S. E.	Neige.
17	743,26	— 4,0	id.	Voilé.
18	737,18	— 4,0	S. E.	Id.
19	733,70	— 3,5	E.	Id.
20	738,20	— 7,0	N. E.	Id.
21	743,87	— 9,2	N.	Neige le soir.

Remarquez dans ce tableau : 1° pendant les premiers jours, le baromètre baissait en même temps que le thermomètre montait ; 2° au contraire, du 18 au 21, pendant que le baromètre montait le thermomètre descendait ; 3° pendant ces quatre derniers jours, la marche des vents passa graduellement du S. S. E. au nord ; c'était la moitié de la rose, et cette marche graduelle annonçait plus de fixité dans une température plus froide pour les jours suivants.

———

3. *Éphémérides botaniques.* — Il y a deux grandes compensations à la stérilité de l'hiver. La première vient de la Providence, qui a établi des lois admirables pour la maturité des fruits. Outre les noix, les amandes, les châtaignes, les pruneaux, etc., qui se conservent toute l'année, plusieurs variétés de fruits à pepins ne mûrissent que dans le courant de janvier. Telles sont les Poires Bergamottes, Beurré d'Hardenpont, Beurré d'Arenberg et Passe-Colmar, puis les Pommes Calville

d'hiver, Rambourg d'hiver, Reinette d'Angleterre et de Hollande, etc. Ce qui, joint aux provisions des mois précédents et aux fruits importés, figues, dattes, raisins secs, etc., ne laisse jamais sans dessert les tables les moins opulentes.

La seconde vient de l'industrie des horticulteurs, qui font venir sur couches de la laitue, du pourpier, des radis roses, du cerfeuil, du cresson alénois, de l'oseille, du persil et même des asperges, et qui savent entretenir en pleine terre, malgré la neige, plusieurs autres plantes potagères: scorsonère et salsifis, choux de Bruxelles et de Milan, doucette et raiponce, etc.

---

4. *Ephémérides zoologiques.* — Les animaux hivernants continuent de dormir leur sommeil. Si vous découvrez un Loir dans son asile, vous le trouverez comme pelotonné, froid et raide, d'une respiration presque nulle, et si insensible qu'on peut l'agiter et le rouler sans qu'il sorte pour cela de son sommeil léthargique.

La fourrure de toute la tribu des Mustélines est surtout estimée pendant l'hiver. Aussi poursuit on les Putois et les Fouines autant comme objet de pelleterie, qu'à cause des ravages qu'ils font dans nos poulaillers. Quant à l'Hermine et à la Belette, aussi sanguinaires malgré leur petitesse, elles ont un mérite particulier. Leur pelage, qui est roussâtre pendant l'été, devient d'un beau blanc pendant l'hiver; celui de l'Hermine, toujours; celui de la Belette, quelquefois. La Marte ne se trouve que dans les grands bois de l'est.

L'albinisme de certains animaux (Lapins, Souris blanches, etc.), caractérisé par la blancheur des téguments et par des yeux rouges, est une espèce de maladie permanente. Le changement transitoire du pelage pendant l'hiver est dû à une autre cause. Pourquoi les Lièvres, par exemple, deviennent-ils plus ou moins blancs pendant l'hiver? C'est, disaient les anciens, parce qu'alors ils mangent de la neige. Vous riez? C'est, en effet, une idée singulière. Mais comme vous ne trouverez probablement pas la raison physique de ce phénomène, je vais vous en donner une raison tirée de la Providence. On peut dire que les animaux faibles n'ont reçu un vêtement blanc pendant l'hiver, qu'afin de pouvoir se glisser sur la neige sans être aperçus et d'échapper ainsi aux regards de leurs ennemis.

Le Musée zoologique de Metz renferme plusieurs espèces albines ; il y en a qui sont curieuses.

Ruminants : un Chevreuil , *Cervus capreolus* L.

Rongeurs : un Rat, *Mus rattus* L.; un Surmulot, *Mus decumanus* Pall.; un Campagnol, *Mus arvalis* L.

Passereaux : une Hirondelle de cheminée, *Hirundo rustica* L.; un Rossignol, *Sylvia luscinia* Lath.; un Rouge-Gorge, *Sylvia rubecula* Lath. ; un Rouge-Queue, *Sylvia phœnicura* Lath.; un Traquet, *Saxicola œnanthe* Mey.; une Bergeronnette lavandière, *Motacilla alba* L.; une Bergeronnette du printemps, *Motacilla flava* L.; une Farlouse, *Anthus pratensis* Bechs.; une Grive, un Gobe-Mouche, une Pie, un Geai, un Chardonneret, une Linotte, une Alouette, plusieurs Pinsons et même un Merle. Qu'on ne dise plus que le Merle blanc est introuvable.

XX.

(Janvier 22-31.)

1° *Ephémérides astronomiques.*

SOLEIL			LUNE		
JOURS.	Lever.	Coucher.	JOURS.	Lever.	Coucher.
15 mar.	8h. 0 m.	4 h.54 m.	17	8h 1m S.	8h 54m M.
16 mer.	7 59	4 56	18	9 12	9 25
17 jeu.	7 58	4 57	19	10 21	9 54
18 ven.	7 57	4 59	20	11 27	10 22
19 sam.	7 56	5 0	21	— —	10 49
20 dim.	7 54	5 2	22	0 30 M.	11 17
21 lun.	7 53	5 4	23	1 31	11 47
29 mar.	7 52	5 5	24	2 30	0 20 S.
30 mer.	7 51	5 7	25	3 27	0 57
31 jeu.	7 49	5 9	26	4 21	1 38

3ᵉ octant du 23 au 24.

D. Q. le 27, à 4 h. 12 m. matin.

4ᵉ octant du 30 au 31.

Le 31 janvier, les jours sont de 12 h. 20 m.

—

2° *Ephémérides météorologiques.* — Les derniers jours de janvier sont peut-être ceux où l'on remarque, suivant les années, la plus grande différence de température. Ainsi en 1846, du 22 au 26 janvier, le thermomètre monta jusqu'à 12°.

En 1856, le 23 janvier, vers 5 heures du soir, il y eut aux environs de Metz un orage avec éclairs et coups de tonnerre.

Au contraire, en 1855, le 29 janvier, le froid avait été de — 16°.

En 1830, le 31 janvier, le thermomètre est descendu jusqu'à — 20° C'est la plus basse température qui ait été observée à Metz pendant ce siècle. Au siècle dernier, le même degré fut atteint le 29 janvier, en 1776.

Le jour de la Conversion de saint Paul, le 25 janvier, est un jour critique, d'après les traditions populaires ; car, disent-elles, pendant la nuit qui précède, les quatre vents se battent, et celui qui, le jour venu, est resté maître du champ de bataille, règne seul pendant quarante jours. Ce proverbe, réduit à sa juste valeur, signifie peut-être que l'état de l'atmosphère est moins variable à cette époque, et qu'il demeure souvent tout le mois de février tel qu'il était à la fin de janvier.

En 1848, il y eut en effet un vent très-violent du 24 au 25, et le matin, c'était le vent du nord-est qui était maître ; il avait donné pour sa bonne venue un froid de — 7° ; le 26, on en eut — 9° ; le 27, — 11° ; le 28,

12°. On était effrayé de cet accroissement. Mais là s'arrêtèrent ses rigueurs ; ce fut le minimum de l'année, et il faut remarquer que — 12°, c'est le minimum moyen du pays Messin. Le nord-est n'a donc pas trop abusé de sa victoire. Puis, tout à coup, comme s'il eût été honteux de sa cruauté passagère, il a disparu lui-même pour quarante jours. Le vent du sud vint le remplacer, et avec lui le dégel, puis le débordement des rivières.

Année commune, c'est l'époque des neiges, et grâces à Dieu, elles sont rarement aussi abondantes que cette année. Pourvu que leur accumulation dans les montagnes ne nous occasionne pas plus tard des débâcles et des inondations désastreuses !

Pour le moment, il me semble qu'il y a un certain plaisir à considérer cette blancheur universelle ; j'aime en particulier à voir tomber doucement ces amas de petites étoiles, si délicates et si régulières. Quelquefois, si l'air est agité, la neige tombe en flocons ; souvent aussi, quand l'atmosphère est calme, elle conserve en tombant sa forme cristalline, et rien n'est plus curieux que d'examiner à la loupe ces petites étoiles à six rayons, toutes semblables. Un autre jour elles sont différentes, mais toujours à six rayons et d'une symétrie parfaite.

Le nom de *givre* est réservé à ces vapeurs qui se congèlent en s'attachant aux herbes, aux branches d'arbres, aux poils des animaux, etc. Les cheveux et les vêtements des voyageurs en sont quelquefois couverts comme d'une gelée blanche, et quand elles sont abondantes, elles offrent de loin l'apparence de la neige. Les vergers en paraissent tout fleuris.

Un phénomène du même genre a lieu dans l'intérieur des maisons. Il n'est personne qui n'ait souvent admiré ces espèces de fleurs que la main de l'hiver dessine sur les vitres de nos fenêtres : elles ont de la variété, de l'élégance, elles semblent artistement façonnées. Ce sont les vapeurs de l'appartement qui se congèlent en s'arrêtant sur la froide surface du verre. Elles n'y forment d'abord que de petits filaments, puis, en s'accumulant, elles se développent en lignes courbes. Les dessinateurs pourraient y trouver des modèles choisis pour les fleurs d'ornement.

———

3. *Ephémérides botaniques.* — Il y a dans les neiges ordinaires du mois de janvier une utilité que les habitants des villes ne connaissent guère. En couvrant la surface de la terre d'un tapis de neige, la nature empêche le froid plus vif et les fortes gelées de pénétrer jusqu'aux plantes, c'est un abri que l'hiver fournit lui-même contre ses rigueurs. Bien des végétaux périraient, s'ils n'étaient protégés par cette couche bienfaisante. Les céréales qui ont été semées à l'automne, et qui sont déjà d'une belle verdure, demeurent heureusement cachées ; la neige ne sert qu'à les protéger, et, aux premiers rayons du printemps, elles se montreront pleines de vie.

Les premiers rayons un peu plus doux du soleil produisent sur les arbres et sur les arbustes un effet sensible ; c'est le gonflement des bourgeons, prélude ordinaire de la feuillaison et de la floraison. Le plus précoce de nos arbres indigènes, c'est le Coudrier, *Corylus avel-*

lana L. Quelquefois, dès la fin de janvier , longtemps avant les feuilles, il s'empresse de montrer ses chatons pendants et ses styles purpurins.

C'est aussi la floraison en pleine terre d'une espèce d'Hellébore , *Eranthis hiemalis* Sal., qui succède à la *Rose de Noël*. Cette belle fleur jaune s'épanouit quelquefois le 25 janvier ; pour cette raison, dans certaines campagnes elle est appelée la *fleur de Saint Paul*.

Le 24 janvier, les Romains célébraient leurs *sementines,* ou la fête des semailles. Pour nos jardiniers , les semailles du printemps ne sont pas encore imminentes, mais les grandes opérations vont commencer.

---

4. *Ephémérides zoologiques.* — Ce mois est un de ceux qui exigent le plus de précautions pour l'entretien des troupeaux dans les départements du nord. Comme les neiges et les pluies, jointes à la brièveté des jours, ne permettent presque point de faire paître les troupeaux, surtout dans les temps de gelée , c'est dans l'étable qu'ils sont entretenus avec tous les avantages d'une économie domestique perfectionnée par l'expérience.

Dans les campagnes, ce qui signale ordinairement les temps de neige, c'est l'audace des loups. Chassés des bois par la disette, ils deviennent agressifs, et à la faveur des ténèbres ils font invasion dans les villages. On cite même des nuits où la bergerie de l'île Chambière eut la visite intempestive de la cruelle bête. La Moselle était prise et offrit un passage à plusieurs loups. Les moutons entendirent, non sans frayeur, les hurlements

32

de leurs ennemis qui grattaient à la porte, et qui ne consentirent qu'au point du jour à prendre la fuite.

Bien plus, les remparts de la ville ne furent pas toujours une barrière suffisante contre leur hardiesse. Le 22 janvier 1850, un loup de grande taille entra furtivement dans la ville à l'ouverture de la porte Thionville, et, dans le silence de la nuit qui régnait encore, il pénétra jusqu'à la rue du Pontiffroy. Là était un petit chien, inoffensif et tranquille, qui ne s'attendait guère à pareille visite. S'élancer sur le chien, le saisir et l'emporter en fuyant, ce fut l'affaire d'un instant. Il repassa bravement par la porte pour regagner la campagne. La sentinelle du poste ne tira pas sur lui : ce n'était pas sa consigne.

XXI.

(Février 1-7.)

1° *Ephémérides astronomiques.*

	SOLEIL.			LUNE.	
JOURS.	Lever.	Coucher.	JOURS.	Lever.	Coucher.
1 ven.	7 h.48 m.	5 h.10 m.	27	5h 11m M.	2h 25m S.
2 sam.	7 46	5 12	28	5 56	3 18
3 dim.	7 45	5 14	29	6 37	4 16
4 lun.	7 44	5 15	30	7 14	5 18
5 mar.	7 42	5 17	1	7 47	6 22
6 mer.	7 41	5 19	2	8 17	7 28
7 jeu .	7 39	5 20	3	8 45	8 36

N. L. le 4, à 6 h. 25 m. du soir.

Premier octant le 7.

Si les soirées de février sont assez douces et sereines, il faut profiter de cette bonne fortune pour faire connaissance avec les belles constellations d'hiver. « Ne trouvez-vous pas, disait Fontenelle, que le jour même n'est pas si beau qu'une belle nuit ? Peut-être que le spectacle du jour est trop uniforme, ce n'est qu'un soleil et une voûte bleue ; mais la vue de toutes ces étoiles semées confusément et disposées au hasard en mille figures différentes favorise la rêverie, où l'on ne tombe point sans plaisir. »

Il y a quelque chose de mieux que la rêverie, ce me semble. Si le seul aspect du ciel étoilé est ravissant pour ceux mêmes qui sont étrangers à l'astronomie, une plus grande connaissance des merveilles de la nature doit rendre le plaisir plus piquant et nous faire partager le transport du psalmiste qui s'écriait, en s'accompagnant de la harpe :

Etoiles du ciel, bénissez le Seigneur !

La constellation d'Orion a déjà dernièrement attiré nos regards ; examinons celle de la Grande-Ourse, non moins intéressante ; elle nous aidera à en connaître plusieurs autres. Elle ne descend jamais au-dessous de l'horizon, et toujours elle est visible, soit à l'orient, soit à l'occident. C'est elle qui est connue de temps immémorial sous le nom vulgaire de *Chariot*. Les trois étoiles qui représentent le timon sont ce que les astronomes appellent la queue de l'Ourse, et, comme elles sont disposées en ligne courbe, elles semblent se diriger vers une étoile de première grandeur qui est à quelque distance, étoile très-apparente, un peu jaunâtre, qu'on appelle *Arcture*. Ce mot signifie en grec « la queue de

l'Ourse.» Si ensuite, par les deux étoiles de l'autre extrémité, vous tirez une ligne à égale distance, cette ligne
aboutira juste à l'*Etoile polaire*, point du ciel le plus
remarquable, puisque c'est toujours là qu'il faut chercher le nord.

2. *Ephémérides météorologiques.* — Le 2 février
est encore un jour critique dans la météorologie populaire. Le soleil qui brille le jour de la Purification de la
sainte Vierge est, dit-on, un pronostic de plus fortes
gelées qu'auparavant. Suivant ces deux vers terribles
qui remontent jusqu'au moyen âge :

> *Si sol splendescat Mariâ purificante ,*
> *Major erit glacies post festum quàm fuit ante.*

C'est qu'il est arrivé plus d'une fois qu'après avoir
vu un beau jour au commencement de février, les espé-
rances ont été trompées. Défiez-vous surtout des hivers
qui négligent de payer au mois de janvier le tribut ordinaire de la glace et de la neige. Le vent du nord finit
par l'emporter et prolonge son règne impitoyable jusqu'au delà de l'équinoxe. Mais on peut dire que dans
les années ordinaires les rigueurs de l'hiver finissent
avec le mois de janvier, et que le mois de février se
distingue souvent par une grande humidité et par des
débordements.

En 1848, le mois de février eut à peine un jour de
beau temps ; la plaine de la Seille et le pré Saint-Symphorien ont été plusieurs fois changés en lacs.

Ephémérides botaniques. — Dès le commencement de février, au pied du Noisetier, *Corylus avellana,* qui continue à déployer ses chatons pendants, semblables aux torsades d'une épaulette, on voit quelquefois fleurir le *Perce-neige, Galanthus nivalis* L., et cette fleur fait plaisir à voir à cause de son élégance et de sa précocité. Dans plusieurs campagnes, on la nomme la *Fleur de la Vierge,* parce que son épanouissement coïncide avec la fête de la Purification.

Le 5 février, jour où nous lisons dans le calendrier le nom des illustres martyrs japonais, canonisés par Pie IX, les jardiniers sont fiers de pouvoir montrer dans une orangerie spéciale un arbuste justement en honneur par ses larges feuilles persistantes et ses brillantes variétés rouges, blanches, roses, panachées ; c'est le *Camellia japonica* L., beau présent que nous a fait une île, célèbre par les productions de la nature et plus encore par le grand nombre de ses martyrs. Linné a ainsi nommé cette plante en mémoire du Père Kamel, missionnaire jésuite.

Le 6 février, jour notable dans l'histoire de l'horticulture. Savez-vous quelle est l'origine de ces expositions curieuses où l'industrie des jardiniers appelle notre admiration par des nouveautés toujours plus incroyables? Je vais vous le dire.

La légende de sainte Dorothée, au 6 février, nous raconte que cette martyre convertit un certain Théophile, en lui faisant voir, en plein hiver, un bouquet merveilleux de fleurs et de fruits. Pour cette raison, la première société horticole qui fut fondée jadis crut devoir prendre sainte Dorothée pour patronne; et tous les

ans, le jour de sa fête, ils exposaient dans l'église, autour de son image, les fleurs qu'ils pouvaient se procurer malgré la rigueur de la saison. Combien de progrès
n'avons-nous pas faits en horticulture depuis la société
de Sainte-Dorothée! Nous en ferons encore incessam-
ment, si j'en juge à la louable émulation qui règne dans
nos comices agricoles, et je m'en réjouis. De toutes les
industries, la plus utile peut-être, et sans contredit la
plus innocente, c'est la culture des fleurs ; elle mérite à
tous égards d'être encouragée. L'horticulteur est ordinairement bon, il est habitué à regarder le ciel ; il sait
par expérience que tout dépend du maître des saisons,
et son cœur s'épanouit avec les beaux jours ; il n'a
d'autres ennemis que les chenilles et les limaçons.

Ce n'est pas qu'il ne puisse parfois se glisser des
abus dans ces nouveautés floricoles. Telle fut la bizar-
rerie de cet amateur, dont un journal racontait dernièrement qu'à force d'industries et de soins, il était parvenu
à produire une rose brune qui ne sentait rien. Il en était
fier et se frottait les mains d'un air satisfait : « Je fini-
rai, disait-il, par obtenir une rose noire qui sentira
mauvais ! » S'il avait obtenu cette monstruosité, lui
aurait-on décerné un prix? Que sainte Dorothée nous
préserve de pareils thaumaturges !

Et que direz-vous de cet autre amateur qui, pendant
plusieurs années, a remporté le prix destiné au plus
beau pied de tabac? Cet homme élevait tous les ans,
chez lui, un pied modèle, et le soignait nuit et jour.
En vérité, si les planteurs de la Moselle n'avaient pas
d'autres secrets d'amélioration, il n'eût pas été nécessaire de toucher au front Saint-Vincent.

4. *Ephémérides zoologiques.* — Dans un grand nombre de bergeries, c'est l'époque ordinaire de la naissance des agneaux. Déjà l'étable retentit de leurs faibles bêlements qui se mêlent à ceux de leurs mères; ils seront assez grands pour suivre le troupeau dans la prairie, quand la belle saison sera venue. Outre le point de vue de l'économie rurale, un intérêt tout particulier s'attache à ces animaux, dont le nom est, dans toutes les langues, le symbole de l'innocence.

Dans les fermes et les basses-cours, c'est aussi une époque remarquable : la mue des poules est terminée ; un nouveau ramage annonce qu'elles recommencent à payer leur tribut.

— Départ des navires qui vont à la pêche de la Morue. A la fin de l'hiver et aux approches du printemps, les poissons de mer qui abondent sur nos côtes sont l'objet d'un grand commerce et occupent un nombre considérable d'embarcations de pêche. C'est surtout le *Gadus Morrhua* qui a de l'importance. Quelques vaisseaux le rapportent frais, avec sa grosse tête, sous le nom de *Cabéliau.* Les autres vont à sa poursuite à l'île de Terre-Neuve et jusque au delà du *Dogger-Bank,* et pendant cinq ou six mois de mer ils en mettent en réserve une immense quantité. Alors on l'appelle Morue quand il est salé, *Stock-fisch* quand il est séché à la fumée ; et sous ces deux formes il est envoyé par millions dans tout le continent. *Stock-fisch,* mot à mot, *poisson bâton,* est un nom allemand qui se donne à tout poisson boucané; dans nos provinces, il désigne ordinairement un Gade, soit Morue, soit Merluche, soit Eglefin. On dit que cette pêche importante occupe, par année, jusqu'à vingt mille matelots.

XXII.

(Février 8-14.)

1° *Ephémérides astronomiques.*

	SOLEIL.			LUNE.			
JOURS.	Lever.	Coucher.	JOURS.	Lever.		Coucher.	
8 ven.	7 h. 38 m.	5 h. 22 m.	4	9ʰ 13ᵐ M.		9ʰ 46ᵐ S.	
9 sam.	7 36	5 23	5	9 42		10 57	
10 dim.	7 35	5 25	6	10 13		0 8	M.
11 lun.	7 33	5 27	7	10 48		— —	
12 mar.	7 31	5 28	8	11 27		1 19	
13 mer.	7 30	5 30	9	0 12	S.	2 28	
14 jeu.	7 28	5 32	10	1 5		3 33	

P. octant, du 8 au 9.

P. Q. le 12, à 2 h. 4 m. du matin.

Cette semaine, lever apparent de *Procyon*, constellation du Petit-Chien, remarquable par une étoile de première grandeur. Pour la trouver, c'est Orion qui nous guidera. Si par les deux étoiles supérieures qui représentent les épaules, vous tirez une ligne vers l'orient, vous rencontrerez Procyon près de l'horizon ; c'est une des belles étoiles qui brillent maintenant sur notre hémisphère.

2. *Ephémérides météorologiques.* — Le lever apparent de Procyon, qui est l'opposé des Canicules, est quelquefois le signal d'une recrudescence de l'hiver. C'est ce qui nous arriverait peut-être, d'après le proverbe, si le jour de la Purification avait eu un beau soleil. Mais comme cette année le 2 février a été très-nuageux, comme en 1848, nous n'avons plus, ce semble, de grands froids à craindre. Quel temps aurons-nous ? Le proverbe ne le dit pas.

En 1848, du 8 au 14, vents d'ouest et de sud-ouest, pluie tous les jours, débordements de la Moselle. Le 11, le baromètre descendit jusqu'à 721 ; en même temps le thermomètre montait. Le 13, il s'éleva jusqu'à $+$ 13°.

En 1779, le 11, brouillard épais et fétide, tel qu'on n'en avait jamais vu de pareil. On croyait respirer une fumée de suie. Pendant la soirée du 9 au 10, on avait eu une aurore boréale éclatante jusqu'à 11 heures du soir. Vers le nord et une partie du couchant, le ciel paraissait ensanglanté.

3. *Ephémérides botaniques.* — Si la température est assez douce, c'est l'époque favorable à l'étude d'une pe-

tite plante des plus curieuses et des plus communes.
« Qu'on m'enferme à la Bastille, disait Jean-Jacques,
pourvu qu'on m'y laisse une Mousse ! » La Mousse est
en effet dans sa petitesse une merveille de la nature
par la singularité de ses fruits et la variété de ses espèces. Elle est maintenant en fructification, et sans
partager l'enthousiasme factice du philosophe, nous
aurons du plaisir à l'examiner à la loupe. La capsule du
pavot peut nous donner l'idée de ses fruits, mais la nature leur a de plus donné des coiffes pour protéger leur
délicatesse. Cherchons, nous la trouverons sans peine :
ici en taches verdâtres, sur les murs et sur les toits
de chaume (*Grimmia, Bryum, Tortula*); ailleurs en
larges tapis sur la terre (*Polytricum, Funaria, Phas-
cum*) ; en petites tiges rameuses, mêlées avec les *Lichens*
sur les troncs d'arbres (*Hypnum*) ; en tiges longues et
flottantes dans les eaux (*Fontinalis*) ; en touffes épais-
ses dans les bois et les terrains marécageux (*Sphagnum*).
C'est le *Sphagnum palustre* qui entre comme partie
principale dans la composition des tourbières.

4. *Ephémérides zoologiques.* — Lorsque, par hasard, au milieu des journées brumeuses de février, le
ciel plus serein nous fait jouir d'une apparence de printemps, il vous arrivera d'entendre quelque oiseau saluer d'un cri joyeux cette faveur des rayons du soleil ;
mais ne vous y trompez pas ; c'est un de nos coniros-
tres sédentaires, un bruant jaune, un pinson, un chardonneret, peut-être ; il faut encore du temps avant l'arrivée des becs-fins.

Vous verrez aussi voltiger quelque lépidoptère, mais ce n'est pas une éclosion nouvelle ; c'est la Vanesse de l'ortie ou petite Tortue, *Vanessa urticœ*, ou bien le Coliade citron, *Colias rhamni*, espèces écloses l'année précédente et qui, au moment des premiers froids, cherchent un refuge dans les greniers ou dans les appartements inhabités ; dès qu'il y a quelques beaux jours, ils sortent de leur asile, trompés par cette apparence de la belle saison.

Dans les appartements, voilà de petits insectes rouges hémisphériques avec des points noirs, qui n'attendent pas le printemps ; ce sont des *Coccinelles*. Qui croirait que ces innocentes bestioles ont un instinct carnivore ? Elles se nourrissent des pucerons qui éclosent parmi les plantes.

---

5. *Ephémérides philosophiques.* — Parmi les progrès dont notre époque peut se flatter à juste titre, il en est un que j'aime à me représenter, surtout dans la saison la plus stérile, c'est l'imitation des fleurs.

> « Le lin docile en pétale se plisse,
> « Se frise en feuille, ou se creuse en calice.
> « Sur ces bouquets méconnus des Zéphyrs,
> « Un pinceau sûr adroitement dépose
> « L'or du genêt, le carmin de la rose,
> « Ou de l'iris nuance les saphirs.   CAMPENON.

C'est une chose incroyable combien cet art a été perfectionné depuis quelque temps. Voulez-vous une corbeille de myosotis. Je m'y suis laissé prendre, il n'y a pas longtemps. Voulez-vous des bouquets de roses ou de violettes ? En voilà ; on a même su y joindre l'odeur suave que leur donne la nature ; c'est à s'y tromper. Voulez-vous des héliotropes, des plantes de serre, des orchidées du Mexique ? Vous en aurez.

Puis, si vous pénétrez dans les appartements de quelques-uns des favoris de la fortune, vous serez émerveillés de voir qu'au milieu même de l'hiver, on jouit d'un printemps perpétuel, et que l'art a su y faire éclore ce que le règne végétal a de plus enchanteur avec la plus douce température.

Au lieu de la verdure émaillée des prairies, vous trouvez des tapis moelleux que la pluie ne souille jamais, et dont les fleurs ne se flétrissent pas sous le pied qui les foule.

Aimez-vous les points de vue ? Sur les murailles vous trouverez les plus brillantes scènes du globe que le peintre a imitées et dont les glaces multiplient la perspective. En vérité, il y a pour les riches du siècle des excès de jouissance dont ils doivent rendre grâce aux progrès de notre civilisation. Voudrai-je leur en faire un reproche ? A Dieu ne plaise ! Qu'ils jouissent de leur printemps factice et des douceurs de leur paradis terrestre ! Mais à une condition, c'est que la même main qui peut faire éclore toutes ces merveilles de l'art et de la nature saura aussi s'ouvrir pour verser dans la demeure de l'indigent, si froide et si pauvre, les secours de la charité. L'hiver est la saison des plaisirs pour les maisons des riches ; mais, hélas ! il est le temps des souffrances pour le pauvre. A côté d'une soirée joyeuse, que de douleurs ! A côté d'un festin, auquel fournissent les cinq parties du monde, combien de Lazares qui tendent la main pour recueillir des miettes !

XXIII.

(Février 15-21.)

1° *Ephémérides astronomiques.*

	SOLEIL.			LUNE.		
JOURS.	Lever.	Coucher.	JOURS.	Lever.		Coucher.
15 ven.	7 h.26 m.	5 h.33 m.	11	2^h 6^m S.		4^h 33^m M.
16 sam.	7 24	5 35	12	3 13		5 26
17 dim.	7 23	5 37	13	4 24		6 11
18 lun.	7 21	5 38	14	5 36		6 49
19 mar.	7 19	5 40	15	6 48		7 23
20 mer.	7 17	5 42	16	7 59		7 53
21 jeu .	7 15	5 43	17	9 5		8 21

Points lunaires : Périgée le 13.

P. L. le 18, à 8 h. 5 m. du soir.

2. *Ephémérides météorologiques.* — Un mois avant l'équinoxe du printemps, il ne faut pas se hâter de chanter victoire. Il y a vingt-deux ans, le 21 février 1845, nous avons eu la température la plus basse de l'année ; elle a été de — 18,7 ; c'est presque la limite extrême du froid dans ce pays. Mais tout nous annonce que nous n'avons plus de rigueurs à craindre. Le premier indice qu'on nous en donne, ce sont les oies sauvages, dont on a vu, dit-on, les caravanes aériennes se diriger vers le nord ; elles se garderaient bien de prendre cette direction, si elles ne savaient pas que le nord a épuisé le trésor de ses froidures.

Un second indice vient du 4e jour de la lune, confirmé par le 5e et le 6e, où nous venons d'avoir une température singulièrement douce avec des vents d'ouest et de sud-ouest.

Enfin un troisième indice, plus sûr peut-être que les deux autres, se trouve dans la constitution atmosphérique de 1848 qui, les quinze premiers jours de février, a été marqué par une persistance de temps doux et pluvieux, tout à fait comme cette année. Il est rationnel de supposer que le reste du mois présentera la même ressemblance. Voici le tableau des sept jours qui correspondent à la semaine présente :

J.	BAR. min.	THER. min.	VENTS.	ÉTAT DU CIEL.
15	739,10	— 0,7	S. S. E.	Gelée blanche, beau.
16	739,00	+ 2,7	S. S. O.	Brouillard, pluie.
17	746,50	+ 2,0	N. violent.	Eclaircies.
18	750,25	+ 2,2	id.	id. neige.
19	745,10	— 3,5	S. O.	Neige.
20	727,50	+ 1,5	S. E.	Neige abondante.
21	740,00	— 2,5	N. O.	Dégel.

3. *Ephémérides botaniques.* — Déjà la séve est en mouvement, grâce à la douceur de la température, et de toutes parts le règne végétal donne signe de vie; mais ce ne sont encore que des annonces. Pendant que les feuilles de nos liliacées commencent à sortir de terre, plusieurs espèces de cette riche famille fleurissent dans l'orangerie ou dans les serres : l'Aletris du Cap *Veltheimia*, remarquable par sa hampe rouge et ses fleurs pendantes ; le *Tritoma media* Ker., aussi du Cap, l'Alstrœmère à fleurs rayées du Pérou.

Joignez-leur les Camellias qui continuent à briller, aussi bien que la tulipe odorante *Duc de Thol*, et la belle Aroïdée *Calla Æthiopica*, voilà les bouquets accompagnés des touffes de Bruyères qui peuvent vous consoler du retard de la saison. Peut-être que le Romarin, *Romarinus officinalis* L., est aussi en fleur. Quoique indigène, il ne fleurit en février que dans l'orangerie.

———

4. *Ephémérides zoologiques.* — Le règne animal aussi se réveille. Si la température s'élève à 10 ou 12 degrés au-dessus de zéro, le Loir sort de sa torpeur et va visiter son amas de provisions; il n'en faut pas tant pour réveiller la Chauve-Souris, mais elle ne sort pas encore de son obscur asile.

La chaleur, qui pénètre insensiblement la terre, agite les insectes et prépare les larves à leur métamorphose. Elle réjouit, dans leurs demeures marécageuses, les hideux crapauds, les salamandres et les grenouilles.

Avant le 19 février, d'après une loi spéciale, une opération importante est prescrite. « Tous propriétaires, fermiers, locataires ou autres, faisant valoir leurs propres héritages ou ceux d'autrui, sont tenus d'écheniller ou de faire écheniller les arbres étant sur lesdits héritages, à peine d'amende. » C'est dans leur propre intérêt comme dans celui de leurs voisins.

Une autre opération, qui n'est pas ordonnée, mais qui mérite l'attention des horticulteurs, c'est l'extermination des pucerons. Si on examine, pendant le mois de février, les rameaux de certains arbres, on y trouve, et quelquefois en grand nombre, de petits grains noirs et brillants qui sont fixés sur l'écorce par un enduit glutineux. Ouvrez ces petits grains, vous y verrez de jeunes pucerons qui n'attendent que les beaux jours pour attaquer les jeunes pousses.

5. *Ephémérides philosophiques.* — Le 15 février, chez les anciens Romains, était la date des *Lupercales,* fête digne du paganisme, dont Auguste essaya vainement de restreindre les infamies. Chez les nations chrétiennes la licence fut moindre, sans doute, mais au moyen âge on a vu parfois un certain reflet des anciennes extravagances. Telle fut, entre autres, la fête des *Fous,* célébrée par des confréries qui affectaient le ridicule et dont la bannière portait cette inscription :

> Le monde est plein de fous, et qui n'en veut point voir
> Doit se tenir tout seul, et... casser son miroir.

Notre siècle est plus sérieux, dit-on ; je veux bien le croire, et je souhaite que les soirées d'hiver soient dignes de la civilisation chrétienne. Mais, hélas ! on leur reproche des divertissements excessifs et des dépenses

qui semblent insulter aux misères de la classe pauvre,
et des licences qui font contraste avec l'enseignement
de l'Evangile. Les soirées d'hiver, telles que notre civilisation les organise, mêlent dans la coupe des plaisirs
un poison mortel, source de malheurs et de larmes.

XXIV.

(Février 22-28.)

1° *Ephémérides astronomiques.*

	SOLEIL.			LUNE.		
JOURS.	Lever.	Coucher.	JOURS.	Lever.		Coucher.
22 ven.	7h.13 m.	5h.45 m.	18	10ʰ 14ᵐ S.		8ʰ 49ᵐ M.
23 sam.	7 12	5 46	19	11 17		9 17
24 dim.	7 10	5 48	20	— —		9 47
25 lun.	7 8	5 50	21	0 18 M.		10 19
26 mar.	7 6	5 51	22	1 16		10 54
27 mer.	7 4	5 53	23	2 11		11 33
28 jeu.	7 2	5 54	24	3 3		0 18

Points lunaires :

3ᵉ octant, le 22.

D. Q. le 26, à 11 h. 57 m. du matin.

Le même jour, apogée.

Comme, cette semaine, la lune ne se lève pas aussitôt que pendant les huit jours précédents, il sera plus facile d'étudier le ciel étoilé, si toutefois le temps n'est pas couvert. Si nous jouissons d'une belle soirée, il faut en profiter pour se familiariser avec les principales constellations. A celles que nous avons déjà signalées il faut joindre cette fois la Lyre, qui se lève le soir vers le nord.

———

2. *Ephémérides météorologiques.* — La correspondance de 1847 avec 1866 a été si bien marquée, non jour par jour, mais lunaison par lunaison, qu'elle rend plus dignes d'attention les lunaisons de 1848. La lunaison de février de cette année-ci a été la fidèle reproduction de son correspondant jusqu'à la pleine lune. La pleine lune de 1848 amena le vent du nord avec une gelée de — 3° 5 et des neiges abondantes. En 1867, le vent du sud est plus tenace ; attendons la seconde moitié de la lunaison. Voici les observations faites en 1848, les sept derniers jours de février.

1848. Observations faites à midi.

JOURS.	BAROM.	THERMOM.	VENTS.	ÉTAT DU CIEL.
22	739	4,5	S. S. E.	Beau.
23	729	8,3	O. S. O.	Pluie.
24	737	8,5	S. O.	Id.
25	732	10,0	id.	Id.
26	728	8,5	id.	Tempête à 4 h.
27	731	12,8	id.	Id. la Mosel. déb.
28	736	11,2	O. S. O.	Orage, tonnerre.

Comme, cette année-ci, l'apogée se trouve aux derniers jours du mois, les chances de pluie seront moindres.

———

3. *Ephémérides botaniques*. — Les bourgeons des arbres et des végétaux ligneux se gonflent à la faveur d'une douce température ; c'est déjà la feuillaison qui s'annonce.

Dans les bois et les parcs, dès que les froids cessent, le Cornouiller, *Cornus mas* L., se charge de fleurs jaunâtres, avant les feuilles ; c'est le plus précoce de nos arbres indigènes après le Noisetier.

Dans les jardins en pleine terre, un arbuste aussi précoce est un jasmin qui nous est venu de Shang-Haï, *Jasminum nudiflorum* Lindl. Dès le mois de février, si la température est douce, il se garnit de fleurs jaunes, et comme il n'a pas encore de feuilles, les jardiniers dissimulent ce défaut en lui adjoignant quelques plantes à feuilles persistantes. Cette petite supercherie produit le plus charmant arbrisseau qu'on puisse voir dans un parterre avant le printemps.

Parmi les plantes herbacées les plus précoces qui sont déjà en fleurs, ou du moins en boutons, nous pouvons remarquer l'Hépatique printanière, *Anemone hepatica* L., qu'on appelle Herbe de la Trinité, à cause de ses feuilles qui sont trilobées. On en cultive plusieurs variétés ; mais vous la trouverez déjà peut-être sur la lisière des bois, accompagnée d'une Sylvie, *Anemone nemorosa* L.

Un arbuste assez répandu, qui fleurit avant la fin de février, c'est le Corète du Japon, *Kerria japonica* DC., autrefois *Corchorus* L. Le grand nombre de ses fleurs jaunes et brillantes, sa précocité et la facilité de sa culture, le font rechercher dans presque tous les jardins.

Le Daphné *Mezereum*, qui a donné au mois de jan-

vier les prémices de ses jolies fleurs, se garnit maintenant de feuilles, qui seront plus tard entremêlées de
petites baies rouges, tandis que son congénère à feuilles
persistantes, le Daphné odorant, *D. indica* L., commence seulement à fleurir dans la serre tempérée.

Dans les bois, le Fragon, *Ruscus aculeatus* L., a encore des fruits gros et rouges comme des cerises, aussi
bien que le Laurier alexandrin, *Ruscus racemosus* L. ;
mais celui-ci, originaire d'Italie, ne se trouve que dans
les jardins d'agrément. On trouve aussi parmi les rameaux sans feuilles des haies et des bosquets d'hiver,
quelques capsules roses du Fusain commun, et les restes du *Sorbus aucuparia*, échappés aux grives. Bientôt
tous ces fruits, si curieux à voir pendant l'automne et
l'hiver, seront cachés par les feuilles nouvelles.

La récolte des racines économiques est de toutes les
saisons, suivant l'ordre de la culture. Une récolte précieuse peut se faire pendant l'hiver, c'est celle des racines médicinales ; il est même important pour plusieurs
d'entre elles de ne pas attendre le mois de mars, alors
que la végétation les ferait gonfler et durcir. Les plus
remarquables sont :

Les racines d'Orchis, qui fournissent un salep indigène, substitué à celui de Perse dans le commerce.
Celles de l'*Asarum*, dont la puissance émétique n'est
guère inférieure à celle de l'Ipécacuanha du Brésil. La
racine de Fougère, *Filix mas*, qui paraît être l'ennemie
du *Tœnia ;* celle de l'Iris à odeur de violette, dont on
fait les pois à cautère ; celle de l'*Acorus* odorant, qui
entre dans la composition de l'eau de vie de Dantzick ;
les racines aromatiques des Ombellifères : Aneth odo-

rant, Fenouil, Angélique ; les dépuratives : Bardane ,
Patience ; les purgatives : Rhubarbe, Bryone, Helléborc
félide, cette dernière si violente qu'elle est réservée à la
médecine vétérinaire.

On peut encore extraire les racines de Bistorte astrin-
gentes, celles de Valériane antispasmodiques, et celles
de Chicorée qui fournissent un supplément précieux du
Coffea arabica L.

---

4. *Ephémérides zoologiques*. — Pendant que les
Oies sauvages retournent dans les régions du nord,
leur patrie, les Cigognes blanches viennent du midi
reprendre possession de leurs nids héréditaires dans les
plaines de l'Alsace et de la Hollande ; celles qui passent
par le pays Messin ne s'y arrêtent pas.

Les Vanneaux huppés reparaissent le long des rivières et dans les plaines marécageuses ; ils s'y abattent
en troupes nombreuses, en répétant le cri *dix-huit*, qui
est devenu leur nom vulgaire dans quelques pays ; ils
s'y nourrissent de Lombrics ou vers de terre qui commencent à s'approcher de la surface. On voit aussi dans
quelques plaines le Pluvier doré, *Charadrius pluvialis* L.

Une messagère de la belle saison est à remarquer ,
c'est l'Alouette. Plus d'une fois le laboureur tressaille à
la fin de février quand il entend les premiers gazouillements de son oiseau chéri, et qu'il le voit s'élever
dans les nues, comme pour prendre possession des douceurs printanières.

Le Lézard gris, *Lacerta arenicola* Cuv., reparaît dans

le creux des vieilles murailles, et l'on voit serpenter entre les pierres le petit Orvet *Anguis fragilis*, faible et inoffensif aussi bien que le Lézard

La grande Couleuvre à collier, *Coluber natrix*, également inoffensive, est assez commune sur les collines des environs de Metz ; vulgairement on l'y appelle *Anguille de haie*. La Vipère commune à dents venimeuses, dont l'Aspic est une variété, se rencontre souvent dans nos bois. On prétend qu'on ne la trouve pas ou que du moins elle est rare sur la rive droite de la Moselle.

XXV.

Mars 1 - 7.

Le mois de mars était le troisième de l'année solaire chez les anciens Romains; il a été conservé avec le même nom jusqu'à nos jours dans les almanachs civils comme dans le calendrier de l'Eglise. Il est de 31 jours.

1° *Ephémérides astronomiques.*

	SOLEIL.			LUNE.		
JOURS.	Lever.	Coucher.	JOURS.	Lever.		Coucher.
1 ven.	7 h. » m.	5 h.56 m.	25	3h 50m M.		1h 9m S.
2 sam.	6 58	5 58	26	4 32		2 5
3 dim.	6 56	5 59	27	5 10		3 5
4 lun.	6 54	6 1	28	5 45		4 8
5 mar.	6 52	6 2	29	6 17		5 14
6 mer.	6 50	6 4	1	6 47		6 22
7 jeu.	6 48	6 6	2	7 16		7 42

Le 1er mars, le jour est de 10 h. 56 m., et le 7, il est de 11 h. 18 m. ; ce qui fait une augmentation de 22 minutes, environ 3 minutes par jour.

Points lunaires :

Dernier octant, du 2 au 3.

N. L. le 6, à 10 h. 2 m. du matin.

Le 6, éclipse annulaire du soleil. Quoiqu'elle ne doive pas être centrale dans le pays Messin, on pourra néanmoins l'y observer pleinement, si l'atmosphère est pure. Le commencement sera à 8 heures et demie du matin. Le moment le plus favorable sera à 10 h. Dans ce moment l'éclipse occupera 0,79 du diamètre du soleil.

Aspect des planètes.

Vénus. Pendant tout le mois de mars, Vénus se couchera longtemps avant le soleil, et, par conséquent, ne sera pas visible le soir : mais elle se lèvera tous les jours vers 6 heures, avant les premières lueurs de l'aurore : ce sera Lucifer ou l'*Etoile du matin*.

Mars passera au méridien vers 8 h. du soir ; sa teinte rougeâtre le fait aisément reconnaître.

Jupiter ne sera pas visible, ce mois-ci ; car il fera sa révolution pendant le jour et sera couché vers 3 h. du soir.

2. *Ephémérides météorologiques.* — Le mois de mars est un des plus désagréables de l'année, à cause des vents violents et des subites variations de temps qui lu sont ordinaires.

Il a quelquefois des rigueurs inattendues, surtout

quand le mois de février a été trop doux. Pour signifier cette permutation, les Savoisiens ont un proverbe qui est applicable à d'autres pays :

Si février ne févrotte, mars marmotte.

En 1852, nous avons eu 23 jours de vents d'est ou de nord, avec gelée blanche presque tous les jours ; février avait été trop modéré.

Mars 1848. Observations faites à midi.

J.	BAR.	THER.	VENTS.	ÉTAT DU CIEL.
1	724,86	8,0	S. O.	Nuages, tempête le soir.
2	726,40	4,0	O. S. O.	Pluie.
3	739,52	7,5	N. N. O.	Beau.
4	747,67	6,5	N.	Gelée blanche.
5	744,57	5,0	S. E.	Neige.
6	742,65	3,5	S.	Id.
7	743,10	7,5	O.	Pluie.

Remarquez que pour ces sept jours il y eut sept changements de vents.

3. *Éphémérides botaniques.* — C'est avec le mois de mars que la végétation commence à revêtir d'une verdure nouvelle toute la surface de la terre, non-seulement dans les jardins, mais encore dans les endroits les plus abandonnés. Cependant la transformation n'est pas soudaine ; elle est même assez lente, lorsque les vents septentrionaux règnent pendant le mois de mars. Cette année, la végétation est assez précoce ; elle devancera plus d'une fois nos indications. Nous nous bornerons aux phénomènes des années ordinaires, en signalant les précocités exceptionnelles remarquables.

Floraison avant les feuilles. Outre le Cornouiller, le

39

Noisetier, le Kerria du Japon et le Jasmin de Shang-Haï que nous avons déjà mentionnés, il faut observer au commencement de mars l'Orme, *Ulmus campestris*, qui n'a pas encore de feuilles, mais qui montre déjà ses fleurs écailleuses et rougeâtres.

Feuillaison des arbustes et arbrisseaux. Ce n'est guère qu'à la fin du mois que nos arbres les plus précoces développent sensiblement leurs bourgeons. Les végétaux ligneux de basse-taille ont le privilége de verdir plus tôt. Vous pouvez déjà remarquer la feuillaison des Chèvrefeuilles, des Groseillers, de plusieurs Spirées et de la *Rosa canina*.

Plantes vivaces à racines bulbeuses ou fibreuses qui commencent à sortir de terre : Lys, Tulipe, Impériale, Ognons ; Pivoine, Véronique, Phlox, Ephémérine, etc.

Floraison des plantes spontanées : l'Hellébore fétide, vulg. Pied de Griffon, sur le haut du Saint-Quentin ; la jolie Pàquerette, *Bellis perennis* L. dans les prairies. Quoiqu'elle ait reçu son nom vulgaire du temps pascal, cette année elle était déjà en fleur à la fin de février. Vous pouvez voir aussi en pleine floraison le Seneçon commun et la violette odorante.

Floraison des plantes cultivées. Dans les jardins, on voit déjà sortir de terre les fleurs jaunes du Safran, *Crocus luteus* L. Peut-être que quelques abricotiers s'empressent de fleurir ; mais cette précocité est aussi rare que peu sûre.

Avant la feuillaison des arbres fruitiers, voyez-y les touffes de Gui entre les rameaux : on le trouve en fructification principalement sur le Pommier ; le célèbre

Gui de chêne des anciens Gaulois est aussi introuvable que le Rameau d'Or.

Le Blé de mars, *Triticum œstivum*, variété ainsi appelée parce qu'on ne la sème qu'au printemps, quoiqu'on en fasse la moisson en même temps que le blé ordinaire, est une variété moins estimée, d'une grande ressource néanmoins quand les rigueurs de l'hiver ont fait périr les céréales semées à l'automne.

4. *Ephémérides zoologiques*. — Le phénomène le plus remarquable que le règne animal offre cette semaine à nos observations, j'ose le dire, c'est la promenade du *Bœuf gras*. Les animaux domestiques ont des hommes intelligents à leur service, et voici un spécimen des progrès de notre civilisation. Cet heureux élu, qui a mieux profité des soins qu'on a pris de lui, s'avance majestueusement, environné d'une troupe joyeuse. Les autres bœufs, ses confrères, qui le voient passer, n'en sont-ils pas jaloux? La jalousie est une passion animale. Pour lui, croyez-moi, il a de la jouissance dans sa marche triomphale, et se trouve beau, il en est fier peut-être, sans penser à la boucherie qui est au bout.

Parmi ses spectateurs, combien n'y en a-t-il pas qui ne pensent qu'à jouir et auxquels on devrait dire : Souviens-toi que tu as une âme! Le lendemain ils se présenteront au pied des autels et recevront sur leur front ce symbole sublime par lequel notre mère la sainte Église nous rappelle à tous la poussière de notre origine et celle qui nous attend dans la tombe.

XXVI.

(Mars 8-14.

1° *Ephémérides astronomiques.*

SOLEIL.			LUNE.		
JOURS.	Lever.	Coucher.	JOURS.	Lever.	Coucher.
8 ven.	6 h. 46 m.	6 h. 7 m.	3	7ʰ 46ᵐ M.	8ʰ 44ᵐ S.
9 sam.	6 44	6 9	4	8 17	9 57
10 dim.	6 42	6 10	5	8 50	11 9
11 lun.	6 40	6 12	6	9 27	— —
12 mar.	6 38	6 13	7	10 10	0 19 M.
13 mer.	6 36	6 15	8	11 0	1 25
14 jeu.	6 34	6 16	9	11 57	2 25

Le 8, la longueur du jour est de 11 h. 39 m. A chacun des jours suivants, elle augmente de 2 m. 0,7.

Points lunaires : 1ᵉʳ octant, le 9. — P. Q. le 13, à 9 h. 12 m. du matin.

Etoiles . A dater de cette semaine, lever apparent de la *Couronne*. Non loin d'Arcture, que nous avons déjà signalé, cette constellation est facile à distinguer à la disposition circulaire de ses petites étoiles ; une d'entre elles est un peu plus grande que les autres : c'est la *Perle* de la Couronne.

2. *Ephémérides météorologiques.* — Nous ne pouvons guère compter pour cette semaine que sur la violence et la grande variation des vents, avec des alternatives de beau et de giboulées. C'est ce qui arrive les années ordinaires ; on l'a vu spécialement en 1848. Voici le tableau des observations qui ont été faites à midi :

JOURS.	BAROM.	THERMOM.	VENTS.	ÉTAT DU CIEL.
8	753	1,8	N.	Gelée blanche b.
9	749	2,0	S.	Un peu de n. pl.
10	738	5,0	O. fort.	à 3 h. tonnerre.
11	728	4,5	O. violent.	Pluie, débordem.
12	721	5,0	S. O. fort.	Pluie, grêle, n.
13	727	7,5	S. S. O.	Beau.
14	733	9,5	N. violent.	Id.

Le 12 mars 1818, la commune de Norroy, à une lieue au nord de Pont-à-Mousson, fut témoin d'un phénomène singulier, dont les causes appartiennent en partie à la météorologie. Après une nuit très-orageuse, il y eut des éboulements extraordinaires et le terrain sembla bouleversé comme par l'explosion d'une mine. Des plants de vigne, dans quelques endroits, ont passé du lieu qu'ils occupaient dans la propriété du voisin, située de 5 à 10 mètres au-dessous. De grands arbres ont voyagé avec le terrain qui reçoit leurs racines, les uns sans changement de direction, d'autres en s'inclinant plus ou moins vers

le sol. Les murs qui bordaient le chemin ont été dépla-
cés ou renversés. On s'imagine bien que les habitants
de la commune ont été effrayés ; la pensée leur est venue que c'était une éruption volcanique ou tout au moins
un tremblement de terre. Mais après avoir examiné at-
tentivement les localités, MM. de Haldat et Mangin, qui
s'étaient rendus sur les lieux, par ordre du préfet de la
Meurthe, en ont donné une explication simple et naturelle. Suivant eux, les pluies presque continues de la
saison et de l'année précédente avaient délayé considérablement la couche d'argile sur laquelle repose la terre
végétale dans le canton de Norroy, et dès lors celle-ci a
pu glisser le long du plan incliné qui la supporte et
s'écouler, pour ainsi dire, vers le bas du coteau. Il ne
serait pas impossible, ajoutent-ils, que l'ébranlement
communiqué au sol par les vents violents de la nuit
précédente n'ait contribué à déterminer l'éboulement.
Journ. de Phys., *nov.* 1818.

3. *Ephémérides botaniques.* — Feuillaison du Lilas,
de l'Aubépine, des Sureaux, du Groseiller rouge, du
Poirier du Japon, du Séringat, du Cytise des Alpes.
Les feuilles du Saule-pleureur et du Saule blanc naissent
avant les chatons.

Remarquez les bourgeons écailleux et surtout le bour-
geon terminal de plusieurs grands arbres. Ils sont des-
tinés à protéger les jeunes pousses contre l'humidité et
le froid avant leur épanouissement. Ceux du Marronnier
d'Inde sont enduits d'une matière résineuse ; on dirait,
à la voir briller aux premiers rayons du soleil, qu'ils

vont se développer et verdir ; mais ce n'est pas encore le temps. Il en est de même du Frêne et de l'Aulne. Attendons encore trois semaines.

Des bourgeons naissants du Peuplier, *Populus nigra* L., découle un suc visqueux dont les pharmaciens font usage pour composer l'onguent *populeum*.

Floraisons. La petite Pervenche, *Vinca minor* L., dont les feuilles sont toujours vertes, s'empresse de montrer ses fleurs bleuâtres sur les pelouses et dans les jardins dès que les gelées cessent.

Cherchez aussi le *Lamium purpureum* et le Pissenlit, *Taraxacum dens leonis* L., qui n'attendent pas 8° de chaleur pour fleurir.

———

4. *Ephémérides zoologiques.* — Les vergers n'ont pas encore de feuilles que le Bouvreuil et le Verdier s'y reposent ; ils n'attendent pas le printemps, et à défaut de graines, ils attaquent les bourgeons encore tendres , ce qui leur a fait donner le nom d'*Ebourgeonneurs*.

Déjà, du côté de Sierck, le grand Corbeau a fait son nid dans le creux des rochers ou sur le haut d'un chêne ; les Freux, *Corvus frugilegus* L., se réunissent en volées nombreuses dans les vallées de la Moselle ; ils s'emparent des prairies plantées d'arbres pour y construire leurs nids ; le même peuplier sert quelquefois d'asile à une douzaine de familles.

Les Merles noirs paraissent aussi en grand nombre ; c'est qu'il en arrive du Midi, mais sans se réunir. Ils vont construire dans les bois leurs nids de mousse fortifiés d'argile et de petites racines.

Pendant que l'Orme s'apprête à verdir, voyez, vers la base du tronc, sur l'écorce, plusieurs petits trous bouchés comme avec de la sciure de bois ; c'est l'indice de la retraite d'une Chenille de deux pouces de long, d'un rouge luisant avec la tête noire , larve d'un Bombyx nommé Ronge-Bois, *Cossus ligniperda* ; elle fait quelquefois beaucoup de ravages dans les plantations.

Les larves des Coléoptères se transforment , et déjà, dans les prairies , des Lamellicornes coprophages , *Aphodies, Géotrupes,* etc., cherchent leur pâture parmi les premières dépouilles du règne animal.

Maintenant, éclosent les œufs de beaucoup d'Arachnides. La coque où ils étaient renfermés pendant l'hiver est déchirée, et la jeune famille habite avec sa mère sous une tente de soie, jusqu'à ce que le temps soit venu d'établir des pavillons dans les lieux convenables et d'y dresser des embûches.

Nous touchons à la fin des trois mois d'hiver, et, il faut en convenir, d'un hiver extrêmement modéré. Des personnes ont exprimé à cette occasion une crainte, c'est que les insectes n'ayant pas été détruits par les gelées de l'hiver, les plantes en seraient infestées au printemps.

Cette crainte vient d'une opinion qui n'est pas tout à fait exacte. Une forte gelée fait mourir les insectes, mais comment ? Lorsque des chaleurs précoces les ont fait éclore prématurément et sortir de terre, s'il survient alors subitement une gelée, même médiocre, elle suffit pour en détruire un grand nombre. Au contraire, si les gelées de l'hiver sont fortes et prolongées , alors les insectes qui en sentent l'approche s'enfoncent davantage dans la terre, et leur apparition n'est que retardée. Ainsi on a vu des années où, après trois mois d'un hiver rigoureux qu'on croyait avoir détruit les insectes, les fortes chaleurs de la fin de mars et du commencement d'avril firent paraître une si grande quantité de chenilles, etc., qu'en peu de temps les vergers furent dépouillés de feuilles et de fleurs. En d'autres années, après un mois de février très-doux, qui avait favorisé le développement des insectes, les gelées du mois de mars les firent périr.

Nous ne désirons pas de gelées intempestives ; néanmoins, si elles étaient nécessaires cette année, il faudrait se résigner volontiers à cette rigueur passagère.

XXVII.

Mars 15 - 21.

1° *Ephémérides astronomiques.*

	SOLEIL.			LUNE.		
JOURS.	Lever.	Coucher.	JOURS.	Lever.		Coucher.
15 ven.	6 h.31 m.	6 h.18 m.	10	1^h 0^m S.		3^h 20^m M.
16 sam.	6 29	6 19	11	2 8		4 7
17 dim.	6 27	6 21	12	3 18		4 47
18 lun.	6 25	6 22	13	4 28		5 22
19 mar.	6 23	6 24	14	5 37		5 53
20 mer.	6 21	6 25	15	6 46		6 21
21 jeu.	6 19	6 27	16	7 54		6 48

Le 21, à 2 h. 10 m. du matin, entrée du soleil dans
le signe du Bélier (style ancien), équinoxe et commencement du printemps astronomique ; dans notre pays

la parfaite égalité du jour et de la nuit a lieu deux jours plus tôt, le 19.

Phases lunaires : Deuxième octant, le 17. Pl. lune le 20, à 9 h. 20 m. du matin.

———

2. *Ephémérides météorologiques*. — Aux approches de l'équinoxe du printemps, on remarque souvent une violence de vent extraordinaire, ce qui a valu au mois de mars le nom de ventôse dans le calendrier républicain. Plusieurs lois météorologiques peuvent nous aider à expliquer ce phénomène. Lorsque le soleil se rapproche de notre hémisphère, il commence à l'échauffer ; c'est ce qui a lieu spécialement pour les grands déserts de l'Afrique ; les couches d'air qui reposent sur les sables de la Libye et du Sahra sont dilatées par la chaleur du sol toujours croissante, et en même temps l'air condensé sur les montagnes neigeuses et dans les régions du Nord se précipite, suivant les lois de l'équilibre des fluides, vers les couches plus chaudes. C'est alors qu'un souffle impétueux et glacé parti du cercle polaire traverse la France, bouleverse la Méditerranée et va se perdre dans les brûlantes plaines de l'Afrique. Il faut quelquefois huit ou neuf jours avant que l'équilibre des couches atmosphériques soit établi. Les neiges perpétuelles et les glaciers des Alpes forment aussi, toute l'année, un grand réservoir d'air froid ; vers l'équinoxe du printemps, le courant qui s'en précipite prend quelquefois, dans le Midi, la place du courant polaire. C'est la cause du *Mistral* de la Provence, dont la violence est extrême et qui souffle non-seulement au

mois de mars, mais encore par intervalle pendant l'été. Ce courant étant de moindre étendue que le courant polaire ne demande ordinairement que trois jours pour que l'équilibre soit rétabli dans les couches atmosphériques.

Il semblerait, d'après cela, que tous les ans le vent du nord devrait régner pendant le mois de mars et au delà, puisque tous les ans il y a le même trésor de glace au nord et le même accroissement de chaleur en Afrique. Mais il faut tenir compte bien souvent des courants inférieurs et secondaires qui sont déterminés par des causes régionales de petite étendue ; il suffit qu'un développement de chaleur ait lieu accidentellement dans une vallée pour y attirer de l'ouest ou même du midi des courants d'air plus froids , et comme cet accroissement local arrive tantôt dans une région , tantôt dans une autre, il ne faut pas s'étonner de la grande variété des vents à cette époque. Certaines années sont remarquables à cet égard : par exemple, la 6e année du nombre d'or, je veux dire du cycle de 19 ans , 1867. Il en fut de même en 1848. Mais du 15 au 21 , ce sont les vents pluvieux qui ont dominé.

Observations faites à midi en 1848.

J.	BAR.	THER.	VENTS.	ÉTAT DU CIEL.
15	737,00	5,5	N. O.	Pluie.
16	733,00	6,5	O.	Nuages , pluie.
17	735,00	7,5	O. S. O.	Pluie, grêle.
18	733,00	7,5	S.	Pluie.
19	730,00	7,0	S. O.	Id.
20	728,00	10,5	S.	Id., beau le soir.
21	729,00	7,2	O. S. O.	Pluie , débordement.

J'ai déjà donné comme conjecture que la persistance

des vents d'ouest et de sud-ouest, en 1867, me semblait indiquer dans les régions septentrionales et orientales de l'Europe une élévation notable de température. J'attends que les éphémérides de l'Allemagne justifient ma supposition.

En 1853, onzième année du nombre d'or, à dater du 15 mars, le vent du nord a soufflé jusqu'au commencement d'avril.

---

3. *Ephémérides botaniques.* — Feuillaison. Aux arbustes indiqués la semaine précédente, joignez le *Lycium barbarum* L., si propre à garnir des murs ou à couvrir des tonnelles, aussi bien que la Morelle douce-amère. L'Epine-vinette, *Berberis vulgaris* L., plusieurs Clematites, la Symphorine, *Lonicera symphoricarpos* L., les Rosiers de Bengale et de Chine, etc., grâce à la douceur de la température, commencent à verdir. C'est aussi l'époque où le Mélèze, *Larix europœa* DC., le seul de nos grands arbres résineux qui perde ses feuilles en hiver, montre ses jeunes pousses en petites rosettes verdoyantes.

Vernation. Linné appelait ainsi la disposition printanière des feuilles avant l'épanouissement des bourgeons ; aujourd'hui, on l'appelle préfoliation, et c'est une chose qui mérite d'être remarquée. Ainsi, il y a une préfoliation roulée en crosse, exemple : les Fougères ; roulée en cornet, l'Abricotier ; roulée en dedans, le Pommier ; pliée en deux, le Hêtre ; pliée de haut en bas, l'Aconit ; pliée à la manière d'un éventail, l'Erable sycomore.

Floraison. Quelquefois, pour remède aux rhumes fréquents du mois de mars, la terre se hâte de produire les
fleurs jaunes du Tussilage, *Tussilago Farfara* L. Les
anciens, qui lui ont donné ce nom, lui attribuaient une
vertu spéciale pour calmer la toux ; quand ses larges
feuilles paraîtront , elles lui feront donner le nom vulgaire de *Pas d'âne.* Son congénère , Pétasite officinal ,
Tussilago Petasites L., produit aussi ses grappes de
fleurs rougeâtres avant les feuilles. L'un et l'autre se
trouvent abondamment le long des chemins et dans les
vallées humides.

La **Prêle** d'hiver, *Equisetum hiemale,* qui a continué
à végéter malgré les froids, montre son épi fructifère au
sommet de sa tige grêle et rude ; les tourneurs la cueil-
lent pour servir au polissage. On dit qu'on ne la trouve
pas dans la Moselle : ce serait à vérifier.

Dans les jardins vous avez en fleurs l'Iris naine , l'I-
beris de Perse, *Ib. semperflorens* L., des Primevères ,
Primula elatior , Primula grandiflora Lam., et peut-
être des Oreilles d'ours, *Primula auricula.*

Dans les serres ce sont encore les collections de Camellias qui attirent les regards.

<hr>

4. *Ephémérides zoologiques.* — Passage vernal des
oiseaux du Nord.

De longs triangles de Grues cendrées repassent de
bonne heure, quelquefois dès le commencement de mars,
pour annoncer aux régions du Nord le retour du printemps.

Passage des Grives Mauvis , puis des Grives chanteuses, des Bécasses et des Bécassines, du Roitelet, *Regulus ignicapillus* Bp., et de la Farlouse, *Anthus pratensis*.

Arrivée des oiseaux d'été. Quand la température est douce et promet un printemps précoce, on voit dès le milieu de mars la Bergeronnette grise ou Lavandière ; c'est le premier des passereaux d'été qui nous revienne ; puis arrive un autre oiseau des plus petits. Pour prélude aux concerts du printemps, on entend les deux notes brèves qui composent toute la gamme du Pouillot Fitis, *tuit-tuit*. Il n'est pas plus gros que le Roitelet ; le nid qu'il construit dans les jardins et dans les haies ressemble à une petite boule de mousse ; à l'intérieur il est garni de crin et de laine.

XXVIII.

(Mars 22-28.)

1° *Ephémérides astronomiques.*

	SOLEIL.			LUNE.		
JOURS.	Lever.	Coucher.	JOURS.	Lever.		Coucher.
22 ven.	6 h. 17 m.	6 h. 28 m.	17	9ʰ	1ᵐ S.	7ʰ 15ᵐ M.
23 sam.	6 15	6 30	18	10	4	7 46
24 dim.	6 13	6 32	19	11	4	8 15
25 lun.	6 10	6 33	20	12	0	8 50
26 mar.	6 8	6 34	21	—	—	9 28
27 mer.	6 6	6 36	22	0	55 M.	10 10
28 jeu.	6 4	6 37	23	1	44	10 58

Le lendemain de l'équinoxe, nous avons déjà des jours
de 12 heures 11 minutes ; le 28 ils sont de 12 heures
33 minutes.

Phases lunaires :

Dern. octant le 24 ; D. Q. le 28, à 8 h. 10 m. matin. Le 26, apogée.

———

2. *Ephémérides météorologiques.* — Le printemps est commencé, mais les premiers jours de ce qu'on appelle vulgairement la belle saison ne sont pas les plus beaux de l'année. Alors les inégalités de la température nous donnent souvent du *grésil*, petits globules plus compactes que la neige, moins que la grêle ; en les regardant de près, on voit qu'ils sont composés de petites aiguilles fines et entrelacées. Quelquefois le grésil est mêlé de pluie et de vent, c'est ce qu'on appelle *giboulées*.

On nous annonce pour cette huitaine une température chaude avec une alternative de jours assez beaux et de jours pluvieux.

Observations faites à midi en 1848.

JOURS.	BAROM.	THERMOM.	VENTS.	ÉTAT DU CIEL.
22	738	8,0	S. S. E.	Pluie.
23	746	11,5	S. S. O.	Id.
24	747	11,0	O.	Beau.
25	747	9,8	O. S. O.	Pluie.
26	744	11,5	S.	Beau.
27	741	13,5	S. E.	Brouill., beau.
28	745	16,5	E. S. E.	Pluie.

Remarquez encore une fois qu'à chaque jour il y eut un vent différent.

———

3. *Ephémérides botaniques.* — Les Paturins , *Poa*

L., qui sont les plus hâtives de nos graminées à fourrage, forment déjà des gazons d'une belle verdure : le *Poa nemoralis* dans les bois , le *P. pratensis* dans les prairies humides, le *P. trivialis* au bord des chemins , et le *P. annua,* partout, dans les allées des jardins et même dans les rues peu fréquentées.

Une autre graminée précoce est le Vulpin, *Alopecurus* L., ainsi nommé parce que son épi ressemble assez pour la forme à une queue de renard. Il y en a plusieurs espèces assez communes dans les prairies basses de la Seille. Dans la grande culture on les utilise à cause de leur précocité.

Dans quelques jardins, c'est aussi le temps où les grandes feuilles de la Rhubarbe commencent à sortir de terre.

Feuillaison de la plupart des arbres fruitiers et d'un grand nombre d'arbrisseaux : Viorne, Staphylier, Glycine de Chine, etc.

Les différentes espèces de Ronces et de Framboisiers commencent aussi à verdir dans les haies et les massifs.

Nos arbres forestiers, comme ceux des avenues, n'ont pas encore de feuilles. Il y a néanmoins un Marronnier de Paris qui est devenu célèbre à cause de sa feuillaison précoce, qui a lieu tous les ans vers le 19 mars. A cette date, où tous les arbres des avenues sont encore tristes et sans couleur, ce fut un phénomène capable d'attirer les regards, qu'un seul arbre se distinguât des autres par une belle verdure.

Floraison. Vérifions l'épithète *verna ,* printanière , donnée à plusieurs petites plantes indigènes ou cultivées : *Veronica verna, Orobus vernus, Draba verna, Adonis vernalis, Potentilla verna, Crocus vernus, Primula veris, Arabis verna, Mandragora verna, Leucoium vernum,* etc. Elles ne répondent pas toujours à l'appel ; quelques-unes attendent le mois d'avril.

Il faut indiquer aussi avec probabilité :

La Ficaire à fleurs jaunes, *Ficaria ranonculoïdes* L. et l'Ancmone Pulsatille (Tignaumont, Lorry), *Corydalis bulbosa* L. (Plantières, Basse-Montigny), *Alsine umbellata* D C. (Sablon), *Alsine media* L , Mouron des petits oiseaux (partout dans les lieux cultivés), et enfin les nombreuses variétés de Jacinthes hollandaises et françaises.

Tous les vergers doivent avoir des Amandiers et des Pêchers en fleurs.

4. *Ephémérides zoologiques.* — Dernier départ des Canards et des Oies sauvages. Passage vernal des Chevaliers, *Totanus Calidris,* etc. Ils seront bientôt suivis des Combattants, *Tringa pugnax* L. Mais ces échassiers belliqueux ne font que passer; c'est vers les embouchures de la Meuse et du Rhin qu'ils ont rendez-vous pour leurs tournois annuels.

Dans les marais garnis de joncs et de broussailles , on voit reparaître en plus grand nombre les Rales d'eau et les Poules d'eau.

Les Mésanges se retirent dans les bois et font choix d'un trou d'arbre : elles entremêlent dès lors d'un léger gazouillement leurs petits cris ordinaires *stiti-titigri.* Ces cris aigres comme le grincement d'une lime leur a fait donner le nom de Serruriers. Si on les inquiète dans leur trou , elles font entendre un sifflement qu'on prendrait pour celui du Serpent.

Les Chauves-Souris sortent le soir de leurs retraites, la Noctule des vieilles tours , la Pipistrelle des greniers. Le grand Oreillard ne sort qu'à la nuit close ; il entre parfois dans les appartements.

Parmi les plantes potagères et les orties, éclot le *Bombyx villica,* écaille marbrée, noire , à taches blanchâtres.

XXIX.

Mars 29 - 31.

1° *Ephémérides astronomiques.*

SOLEIL.			LUNE.		
JOURS.	Lever.	Coucher.	JOURS.	Lever.	Coucher.
29 ven.	6 h. 2 m.	6 h.39 m.	24	2^h 28^m M.	11^h 51^m M.
30 sam.	6 0	6 40	25	3 8	0 49 S.
31 dim.	5 58	6 42	26	3 44	1 50

Le 29 mars, les jours sont de 12 heures 37 min.

2° *Ephémérides météorologiques.* — Il y a quelques

années, une Revue de Paris faisait le tableau suivant du printemps de la capitale :

« Il y a encore un tapis de neige sur les toits que Paris songe sérieusement au printemps. Vous croyez peut-être que le Parisien ouvre la terre, comme le veut Virgile, qu'il taille ses arbres, qu'il ménage des abris de paille et de jonc à ses abeilles, qu'il va visiter ses couches de melon ; erreur. Il s'occupe du printemps à sa manière. D'abord il enlève ses tuiles amincies par les brouillards, cassées par la chute des pluies, et il les remplace, au grand danger des passants, par de nouvelles tuiles, destinées à être brisées et remplacées l'année suivante : la tuile est sa première couronne de printemps. Il pave ensuite ses rues, il peint le vitrage de ses cafés, il dore ses devantures de boutiques ; tandis que ses journaux annoncent des étoffes, des draps, des modes de printemps ; et quand il s'est ainsi arrangé un printemps de papier, de pierres, d'étoffes, d'ardoises, il achète deux voies de bois supplémentaires, et il recommence à se chauffer. Voilà comment les Parisiens et le printemps vivent ensemble, depuis qu'il y a un printemps et des Parisiens. »

Assurément les différents traits de ce petit tableau peuvent s'appliquer à bien des villes de province, à la bonne ville de Metz en particulier. Qu'on n'y cherche pas un sujet de critique. Pourquoi nos printemps sont-ils si capricieux ?

Quoi qu'il en soit, voici ce qu'on nous permet d'espérer pour ces trois jours.

Observations faites à midi en 1848.

J.	BAR.	THER.	VENTS.	ÉTAT DU CIEL.
29	746,00	15,5	S. E.	Beau, un peu de pluie.
30	745,00	18,0	S.	Voilé.
31	743,00	16,5	N.	Beau.

3° *Ephémérides botaniques.* — Observations sur la floraison.

Parmi les phénomènes périodiques du règne végétal, celui qui intéresse le plus généralement, c'est l'époque de la floraison, et il serait à désirer qu'on pût assigner à chaque plante le jour de l'année où elle commence à fleurir. Cette loi n'est pas aussi facile à déterminer qu'on le croirait d'abord, et pour un grand nombre de végétaux même communs, il n'y a pas de données suffisantes pour qu'on puisse dire avec un peu d'assurance le jour de leur floraison.

La première difficulté vient de la grande inégalité de température de notre pays, surtout au printemps. D'une année à l'autre, il peut y avoir un mois de différence dans la température moyenne et par conséquent dans la floraison d'une même plante. Ainsi, par exemple, la floraison du *Cornus mascula,* qui a lieu quelquefois dès la fin de janvier, quand la température est douce, est quelquefois reculée jusqu'au mois de mars, quand l'hiver est prolongé. Il en est de même de la plupart des fleurs printanières. Ce n'est que pour les floraisons de l'été et de l'automne que la différence est moins grande. Mais encore il faut un grand nombre d'observations comparées pour qu'on puisse établir sans hésiter une époque moyenne. L'avantage de nos Ephémérides, en indiquant les observations déjà faites, sera d'en provoquer de nouvelles.

Une seconde difficulté vient de la différence de climat de nos provinces. Non-seulement un calendrier de Flore fait pour Paris ne saurait convenir au pays Messin, mais même sans sortir du pays Messin, il y a de la différence entre les cantons de l'est et ceux de l'ouest. A partir de la rive gauche de la Moselle commence le climat *séquanien,* et sur la rive droite, c'est déjà le climat vosgien. Or, entre ces deux climats d'une température différente, il n'y a pas correspondance exacte pour l'époque de la floraison : dans les cantons de l'est, il y a un retard d'un ou deux jours, et quelquefois de huit, à mesure que l'on s'avance vers la région montagneuse.

Afin de parvenir à fixer d'une manière un peu sûre l'époque moyenne de la floraison d'une plante , il est nécessaire de comparer ensemble un certain nombre d'années, et c'est ce que nous avons tâché de faire.

Certaines dénominations populaires peuvent servir aussi quelquefois à cette fixation. Telles sont, par exemple beaucoup de fleurs qui portent vulgairement des noms de saints. Ce nom vulgaire n'est pas à dédaigner, s'il signifie l'époque de la floraison ; il remonte à des observations anciennes aussi sûres que celles des botanistes.

On nous indique pour la fin de mars une espèce d'Ornithogale, *Gagea arvensis* Sch. ; on la trouve dans les champs (Borny, Woippy).

Les plantes printanières que nous avons indiquées les semaines précédentes, si elles ont été en retard , doivent être maintenant en pleine floraison.

----

4. *Ephémérides zoologiques.* — La Chouette Hulotte, *Strix Aluco* L., quitte les greniers et les masures pour aller nicher dans les arbres creux au fond des bois.

Ainsi fait aussi le Hibou, *Strix Otus* L., tandis que l'Effraie, *St. flammea* L., se tient dans les toitures des grandes maisons et des clochers; elle y niche dès la fin de mars. Cet oiseau, d'un beau plumage, est surtout celui que le vulgaire regarde comme de mauvais augure, et c'est une coutume dans les campagnes de le clouer à la porte des granges. Mais on a tort; c'est un oiseau innocent et utile, qui détruit les animaux nuisibles aux plantes, tels que les souris et les campagnols, dont il fait sa nourriture. Il en est de même des autres oiseaux de proie nocturnes. Il serait à désirer, dans l'intérêt de l'agriculture, que ces oiseaux fussent protégés par les administrations locales.

C'est aussi l'époque où les passereaux granivores font leurs nids, et il est curieux d'examiner l'industrie avec laquelle ces petits êtres, sans autres instruments que leur bec et leurs pattes, viennent à bout de cette construction annuelle, parfaitement en rapport avec leurs besoins.

Voyez en particulier le Pinson. Il place son nid à l'enfourchure des branches et garnit l'extérieur des mêmes matières qui tapissent la portion de l'arbre où il se trouve, et cela, c'est afin de le dissimuler aux regards de ses ennemis.

Voyez aussi le nid de la petite Mésange, *Parus caudatus* L. Ce nid est remarquable. Placé dans les buissons, à trois pieds de terre, il est couvert en dehors de mousses et de lichens, pour qu'on ne l'aperçoive pas, et comme la queue de l'oiseau est très-longue, il a deux ouvertures, l'une pour l'entrée, l'autre pour la sortie.

— Les abeilles commencent à se répandre dans la campagne, mais avec prudence. Elles commencent à faire leurs récoltes sur les fleurs printanières que nous avons indiquées, surtout celles des Poiriers, des Cerisiers et des autres arbres à fruits. Ce pillage universel ne déplaît à personne, car il ne fait tort ni au brillant des fleurs, ni à leur parfum, ni à leur fécondité.

XXX.

1° *Ephémérides astronomiques.*

SOLEIL.			LUNE.		
JOURS.	Lever.	Coucher.	JOURS.	Lever.	Coucher.
1 lun.	5 h. 56 m.	6 h. 43 m.	27	4ʰ 17m M.	2ʰ 54m S.
2 mar.	5 54	6 45	28	4 47	4 2
3 mer.	5 52	6 46	29	5 16	5 12
4 jeu.	5 49	6 48	30	5 45	6 25
5 ven.	5 47	6 49	1	6 16	7 38
6 sam.	5 45	6 51	2	6 47	8 56
7 dim.	5 43	6 52	3	7 25	10 6

Phases lunaires : N. L. le 4, à 10 h. 30 m. du soir.

Aspect des planètes pendant tout ce mois :

Vénus se lèvera une heure avant le soleil; elle sera donc encore ce mois l'*Etoile du matin.*

Mars passera au méridien entre 6 et 7 heures du soir ; on pourra l'observer après le coucher du soleil.

Jupiter se lèvera entre 3 et 4 heures du matin ; il sera visible jusqu'à l'aurore.

Le premier jour d'avril ramène tous les ans une plaisanterie qui est assez répandue sans qu'on en sache bien au juste l'origine ; je veux parler des *Poissons d'avril*. C'est l'astronomie qui nous en donne l'explication la plus plausible. Comme les premiers jours d'avril coïncidaient avec le lever héliaque de la constellation des Poissons, les astronomes en faisaient l'annonce, et ceux qui attendaient des poissons véritables étaient attrapés ; ils s'apercevaient bientôt que ceux-là n'étaient pas susceptibles d'être mis en friture. Cette explication me paraît plus simple et plus naturelle que certaines anecdotes inventées à plaisir.

———

2. *Ephémérides météorologiques.* — Dernières luttes du froid contre le printemps, mais ordinairement la température des premiers jours d'avril est encore très-variable. Si elle est basse, la rosée devient gelée blanche, les pluies légères se changent en giboulées et quelquefois en neige. On se souvient encore qu'en 1837, après un mois de janvier très-doux, il y eut, le 5 avril, une si grande abondance de neige dans tout le nord de la France, que beaucoup de cantons virent, à leur grande surprise, que les communications étaient interrompues, et c'était huit jours après Pâques !

En 1848, les premiers jours d'avril furent très-beaux, grâce au vent du nord qui se décida enfin à souffler.

Mais en donnant un ciel serein il détermina une élévation de température qui alla le 5 jusqu'à 21° et ramena
le vent d'O.S.O. avec un orage le 6, à 2 heures après
midi.

———

3. *Ephémérides botaniques.* — Feuillaison : Le Marronnier d'Inde est quelquefois déjà vert à la fin de mars,
mais l'époque moyenne de sa feuillaison est le 1er avril.
Les jours suivants, c'est la feuillaison de plusieurs de
nos arbres indigènes : le Tilleul à petites feuilles, le
Charme, le Sorbier, l'Aulne, le Bouleau.

Floraison : Dans les prés humides, la charmante petite Myosotis, qu'on appelle en allemand : « Ne m'ou-
bliez pas, *Vergiss mein nicht,* » et en français : « Plus
je te vois, plus je t'aime. »

Le long des haies, partout le *Lamium album* L.,
vulg. Ortie blanche, et dans les champs sablonneux, le
Lamium amplexicaule L.

Sur les murailles, la Saxifrage tridactyle et la Giroflée à fleurs jaunes.

Dans les gazons, le *Glechoma hederacea* L., vulg.
Lierre terrestre, avec le *Cardamine pratensis* L.

Les avenues sont jonchées des fleurs velues du Peuplier, qui sont semblables à de grosses chenilles grises
et qui tombent à terre avant même que les feuilles soient
venues.

Dans les parterres, nous avons la Saxifrage de Sibérie, la Pulmonaire officinale, la *Sanguinaria canaden-
sis* à fleurs très-blanches avec une feuille radicale
veinée de rouge, puis plusieurs variétés de Primevères,
de Violettes et de Pensées.

Mais rien n'égale en beauté les tapis d'or des champs de Colza.

———

4. *Ephémérides zoologiques.* — Retour des Passereaux insectivores. Déjà les contrées qu'ils reviennent habiter sont préparées. De toutes parts , la verdure et les fleurs commencent à orner les bois, les vallons et les plaines ; la terre, échauffée par le soleil du printemps, engendre des millions d'insectes ; de tous les points de sa surface pullulent des scarabées, des moucherons et des chenilles pour la nourriture des nouveaux hôtes; la salle du festin est prête ; chaque fleur offrira sa pâture, chaque arbre aura son musicien.

Quelquefois, le premier jour d'avril, on croit apercevoir une hirondelle, et cette messagère des beaux jours inspire une joie subite. Mais, suivant le proverbe grec, une hirondelle ne fait pas le printemps. Il est rare qu'il nous en arrive sitôt. C'est vers le 5 ou le 6 que nous arrivent les premières et encore ce n'est jamais la gentille hirondelle des fenêtres, c'est l'espèce qu'on appelle hirondelle de cheminée, *hirundo rustica* : elle ne fait pas son nid à découvert, mais sous les poutres des toitures, quelquefois dans les greniers champêtres , rarement dans les villes.

On raconte que, plus d'une fois, les hirondelles arrivées au commencement d'avril furent surprises par des neiges soudaines, et qu'on en trouva beaucoup de mortes à terre dans les rues et les chemins. Ce n'était pas le froid qui les avait fait périr ; la chaleur naturelle des oiseaux est toujours très-élevée. Elles étaient mortes d'inanition, la froidure ayant empêché l'éclosion des insectes qui font leur nourriture.

Les Pigeons sauvages ou *Ramiers* reviennent dans les bois de hêtres qu'ils avaient abandonnés pour aller prendre leurs quartiers d'hiver dans le midi ; ils y trouvent encore les restes des faînes de l'année précédente.

Dans les îles de la Moselle, vient nicher le Bruant de roseaux, *Emberiza schœniculus* L. Son nid, fait avec beaucoup d'art et tapissé de duvet à l'intérieur, est suspendu au-dessus de l'eau, entre quatre roseaux. Les villageois l'ont appelé Rossignol d'eau. En même temps les Traquets, *Saxicola*, recherchent les coteaux pierreux de Lessy et de Châtel, ou les carrières de Plappeville.

Le 5 avril, arrivée de la Rubiette, *Motacilla rubecula* L., qu'on appelle à Metz Rouge-queue ou Rossignol de murailles, oiseau triste et solitaire qui, le plus souvent, perché sur une toiture ou sur un clocher, fait entendre jour et nuit un chant plaintif et monotone qui rappelle un peu le chant du Rossignol, mais qui lui a fait donner dans les campagnes le nom d'Oiseau de la mort.

Insectes :

Les Carabes bronzés et les Cicindèles, sortis de terre, circulent parmi les herbes et dans les allées.

— Ponte des forficules ; les œufs, d'un demi-millimètre de longueur, sont blancs et lisses. On les trouve sous les pierres, par paquets de vingt ou trente.

— Plusieurs Bombyx, qui ont passé l'hiver en chrysalides, éclosent ; le Bombyx laineux sur les cerisiers, le Bombyx *tau* dans les bois.

— Plusieurs papillons de jour aussi : les Vanesses *Io*, en société sur l'ortie et le houblon, la V. *Antiopa* ou *Morio*, sur les jeunes feuilles de bouleau et dans les vergers, la V. *Polychloros* ou *Grande Tortue*, et la V. *Urticæ* ou *Petite Tortue*, partout dans les prés.

La Chenille verte de la Piéride commune du Chou se nourrit exclusivement des feuilles du genre Brassica et fait quelquefois de grands ravages dans les potagers. Les entomologistes furent étonnés un jour de reconnaître qu'elle se nourrissait également des feuilles de la Capucine. Ce qui explique cet instinct, c'est que toutes les parties de la Capucine ont une saveur piquante comparable à celle des crucifères. De là l'usage de cette plante, feuilles et fleurs, dans les salades.

XXXI.

(Avril 8 - 14.)

1° *Ephémérides astronomiques.*

SOLEIL.			LUNE		
JOURS.	Lever.	Coucher.	JOURS.	Lever.	Coucher.
8 lun.	5 h.41 m.	6 h.54 m.	4	8ʰ 8ᵐ M.	11ʰ 17ᵐ S.
9 mar.	5 39	6 55	5	8 57	— —
10 mer.	5 37	6 57	6	9 53	0 21 M.
11 jeu.	5 35	6 58	7	10 55	1 16
12 ven.	5 33	7 0	8	12 0	2 4
13 sam.	5 31	7 1	9	1 10 S.	2 46
14 dim.	5 29	7 3	10	2 20	3 22

Phases lunaires : Premier octant, le 8.

P. Q. le 11, à 3 h. 20 m. soir.

La lunaison qui suit l'équinoxe était chez les Hébreux
le commencement de l'année ; chez les Gaulois aussi,

et comme leurs assemblées avaient lieu au clair de la lune, et que c'est le 6ᵉ jour de la lunaison que le croissant donne assez de lumière, c'était sans doute ce jour-là, ou pour mieux dire cette nuit-là, que se célébrait chez nos ancêtres la fête du printemps avec la cueillette du gui de chêne. Cette année ce serait le 11 avril.

————

2° *Ephémérides météorologiques.* — Nous avons à vérifier le proverbe météorologique: *Qualis quarta, talis tota, nisi mutetur in sextâ.*

Le quatrième jour de la lune arrive cette année le 9 avril. Ce jour-là, si c'est un vent pluvieux qui souffle et s'il ne change pas le 11, nous serons menacés d'un mauvais temps pour le reste du mois. Malheureusement, c'est ce qu'on a vu en 1848. Espérons que, pour cette fois, le système Fouchy sera pris en défaut.

Voici, d'après le journal des observations météorologiques faites par Schuster, le temps qu'il a fait à Metz, en 1848. Je me borne à l'heure de midi:

JOURS.	BAROM.	THERMOM.	VENTS.	ÉTAT DU CIEL.
8	728	16,0	S. S. E.	Nuages.
9	734	15,0	S. S. E.	Orages.
10	734	12,0	S. O.	Pluie.
11	739	8,0	O. fort.	Pluie et grêle.
12	739	10,0	O. S. O.	Id.
13	742	14,0	O.	Nuages.
14	740	7,0	N. O. fort.	Id.

3° *Ephémérides botaniques.*

Feuillaison :

Les Erables et les Marronniers Pavies ;
Le Peuplier blanc et le Peuplier d'Italie ;
Le Tilleul à grandes feuilles :
L'Orme champêtre et les Cornouillers ;
Le Sumac de Virginie et le Nerprun Bourgène.

Dans les prairies, une espèce de Luzerne, *Medicago Lupulina*, est avantageuse pour la pâture du printemps à cause de sa précocité. Autrefois, elle n'était guère cultivée que dans le Nord ; aujourd'hui, elle l'est dans le pays Messin.

Floraison :

La famille des Iridées n'a encore à nous montrer que l'Iris de Perse avec la petite Flambe, *I. pumila* L., dont les jardiniers font de jolies bordures.

De la famille des Liliacées les jardiniers attendent cette semaine une belle et brillante fleur, la Couronne impériale, et si la douceur de la température l'a déjà fait épanouir, elle aura les honneurs du parterre. Les autres Liliacées qui, peut-être, sont aussi en fleurs, sont : la *Scilla bifolia* dans les bois, l'*Ornithogalum luteum* dans les terrains sablonneux, et le *Muscari botryoïdes* dans les jardins.

Les Borraginées nous donnent la Pulmonaire officinale et la petite Consoude, *Omphalodes verna*, du Midi, cultivée comme plante d'ornement, et qui n'a de rivale que la jolie *Myosotis*.

Les Rosacées, outre les arbres à fruits des vergers, ont en fleur dans les haies : l'Epine noire ou Prunellier, *Prunus spinosa,* et l'Aubépine, *Cratœgus oxyacantha* L.

La noble famille des Magnoliées nous montre maintenant dans les parcs le *Magnolia yulan* de la Chine, dont les grandes fleurs blanches paraissent avant les feuilles.

———

4° *Ephémérides zoologiques.* — Le 8 avril, arrivée de l'Hirondelle de rivage, *Hirundo riparia.* Elle habite les bords escarpés de la Moselle ; on la voit quelquefois près des ponts.

Le 9, époque moyenne de l'arrivée de la Fauvette à tête noire, *Sylvia atricapilla* Lath.; elle fait son nid dans les buissons d'Aubépine.

Le 10, arrivée du Rossignol, *Sylvia Luscinia* Lath. Il retrouve dans les bosquets les taillis qu'il aime et s'empresse d'y construire son nid ; mais on n'entend guère son chant qu'au bout de quelques jours.

Le 11, arrivée de la grande Rousserolle, *Turdus arundinacea* L. Elle se plaît dans les saussaies de la Moselle et dans les étangs garnis de roseaux. A Metz, on l'appelle Rossignol de rivière.

Le 12, arrivée du Coucou, *Cuculus canorus* L. Souvent une troupe de Tourterelles arrive en même temps, ce qui a fait appeler le Coucou *conducteur des Tourterelles.* Cet oiseau est célèbre par l'instinct qu'il a de ne pas faire de nid, mais de confier l'incubation de ses œufs à d'autres oiseaux qui les couvent avec leurs propres œufs. Des naturalistes expliquent cet instinct en disant que le sternum du Coucou est trop ample pour qu'il lui soit possible de couver ses œufs.

Le 13, arrivée du grand Pouillot, *Sylvia hippolaïs* Lath. Il fait son nid dans les bosquets et dans les jardins, et trompe l'oreille et les yeux : à le voir, on le prendrait pour une Fauvette à poitrine jaune ; à l'entendre, on dirait plusieurs oiseaux différents, tant son ramage est varié. C'est pourquoi son nom vulgaire est le *Contrefaisant.*

Insectes :

Dans les ruches, les ouvrières sont en grande activité, les alvéoles se confectionnent rapidement et sont immédiatement remplies par les œufs de la Mère Abeille.

Même travail dans les villes souterraines des Fourmis, qui, étant aussi de l'ordre des hyménoptères, sont soumises aux mêmes lois d'économie sociale.

Les Guêpes, qui sont du même ordre, se mettent aussi à l'ouvrage. Chaque femelle pondue à l'automne, et qui est restée engourdie pendant l'hiver, cherche une place convenable pour y construire son nid, la Guêpe Frelon, *Vespa Crabro* Fabr., dans les creux des vieux arbres ; la Guêpe vulgaire, *Vespa vulgaris,* dans la terre, et la Guêpe Poliste, *V. gallica,* aux tiges des plantes. Ce nid n'est d'abord composé que d'un petit nombre de cellules hexagones, noyau de la ville future.

XXXII.

(Avril 15-21.*)*

1° *Ephémérides astronomiques.*

SOLEIL.			LUNE.		
JOURS.	Lever.	Coucher.	JOURS.	Lever.	Coucher.
15 lun.	5 h. 27 m.	7 h. 4 m.	11	3^h 29^m S.	3^h 54^m M.
16 mar.	5 25	7 6	12	4 36	4 23
17 mer.	5 23	7 7	13	5 42	4 50
18 jeu.	5 21	7 8	14	6 48	5 16
19 ven.	5 19	7 10	15	7 51	5 45
20 sam.	5 17	7 11	16	8 54	6 15
21 dim.	5 15	7 12	17	9 53	6 48

Le 15, les jours sont déjà de 13 heures 37 minutes.

L'augmentation, pour le reste de la semaine, est d'environ 3 minutes par jour, en sorte que le 21, jour de Pâques, le jour sera de 14 heures moins 3 minutes.

Phases lunaires :

P. L. le 18, à 11 heures 15 minutes du soir. On sait que dans l'Eglise la fête de Pâques est fixée non pas à la pleine lune qui suit l'équinoxe, mais au dimanche d'après.

———

2. *Ephémérides météorologiques* — Nous nous trouvons à une époque assez critique pour la météorologie du printemps, et ce n'est pas sans raison que dans notre dernier article nous avons attiré l'attention des observateurs sur le 8, le 9 et le 10 de ce mois, en rappelant le fameux proverbe: *Qualis quarta, talis tota, nisi mutetur in sextâ* : tel que sera le temps au quatrième jour de la lune, tel il sera pendant toute la lunaison, à moins qu'il ne change au sixième jour. C'est ce qui .est souvent vérifié. Comme on l'a remarqué, nous avons eu, lundi, 4e jour de la lune, un temps affreux avec le vent d'ouest toute la journée, et le même temps a continué le lendemain. Il y avait de quoi concevoir de l'inquiétude. Heureusement le mercredi, 6e jour, le vent du nord est venu chasser les nuages, et le jeudi, 7e jour, comme pour confirmer sa bonne arrivée, il a soufflé avec une extrême violence. Espérons qu'il ramènera le beau temps sans causer de gelée. Je le penserais volontiers, si la lunaison tout entière n'avait pas été très-variable en 1848.

La météorologie a maintenant une affaire pendante, c'est le procès de la *Lune rousse*. Il se complique de trois questions distinctes, et il est à propos de les soumettre au jury de nos lecteurs.

1re question. Y a-t-il un phénomène météorologique en rapport avec cette tradition populaire?

— Oui. Au commencement du printemps, lorsque les premiers rayons du soleil échauffent la terre et font épanouir les bourgeons et les fleurs, il n'en est pas de même des couches de l'atmosphère ; elles conservent encore dans le voisinage du sol une température froide ; à la hauteur de 2 kilomètres c'est la limite de la gelée perpétuelle, même pendant l'été ; au printemps, cette ligne est beaucoup plus bas. Quelle doit être l'action de cette couche glacée qui pèse partout sur la terre? Pendant le jour, le soleil élève la température ; mais pendant la nuit, si le ciel est serein, le froid se fait sentir aux plantes encore délicates, quand même le thermomètre ne serait pas à zéro sur le sol. C'est ce commencement de gelée qui fait *roussir* les jeunes pousses. L'effet n'a pas lieu quand le ciel est couvert: les nuages servent d'abri.

2e question. Est-ce la lune qui fait roussir les plantes pendant les nuits du printemps?

— Non. Ce phénomène arrive, disons-nous, quand le ciel est serein, et à cause même de la sérénité. Or, c'est précisément quand la nuit est sereine que la lune brille, et le matin, quand le jardinier voit le dégât qui est tombé sur ses fleurs, il s'en prend à la lueur de la lune. Mais la lune en est entièrement innocente ; elle ne fait que l'éclairer, elle ne le cause pas.

3e question. Quelle est la véritable époque de la lune rousse ?

— On peut répondre d'abord qu'il n'y a pas de lune rousse, et que le phénomène dont il s'agit a lieu ordinairement dans la seconde moitié d'avril, sans aucun rapport avec les phases de la lune. Que si vous voulez absolument le rattacher à une lunaison, voyez le jour de Pâques. Ce qui sert à fixer la date de cette fête, c'est la pleine lune qui suit l'équinoxe du printemps. Si la lunaison de mars a sa pleine lune peu après l'équinoxe, Pâques est de bonne heure et la lunaison terrible ne commence qu'après Pâques. Si, au contraire, la lunaison de mars a sa pleine lune un peu avant l'équinoxe, alors la fête de Pâques est retardée jusqu'au mois suivant ; la lunaison d'avril est alors la lunaison pascale et porte toute la responsabilité de ce qu'on nomme la lune rousse. Nous avons ce retard en 1867, et comme on donne vulgairement pour règle que la lune rousse est celle qui commence en avril, elle n'est pas distincte, cette année, de la lune pascale.

---

3. *Ephémérides botaniques.*

Feuillaison :

L'Erable sycomore, le Frêne, les Saules, le Platane, le Catalpa, la Vigne.

Floraison des arbres et arbustes :

Le Pommier, le Cerisier à grappes, *Cerasus Padus*, la Glycine de la Chine.

Deux arbustes sont d'un bel effet dans les jardins plutôt à cause de leurs feuilles luisantes, maculées de jaune, que par leurs fleurs verdâtres qui paraissent maintenant, mais qui ont peu d'apparence : l'Aucuba du Japon et le Nerprun Alaterne.

Dans les champs : *Caltha palustris*, *Arum maculatum*, *Thlaspi perfoliatum*, *Viola canina*, etc.

Le Houblon se plante du 15 au 20 avril.

---

4. *Ephémérides zoologiques.* — Le 15, arrivée du Loriot, *Oriolus Galbula* Lin. Cet oiseau mérite attention, non-seulement pour ses belles couleurs qui l'ont fait appeler Merle d'or par les Allemands, mais encore à cause de son nid. Il le suspend à l'extrémité des branches les plus élevées, en l'attachant à une bifurcation au moyen de longs brins de chanvre ou de crins. L'intérieur est garni de mousse et de plumes liées ensemble par des toiles d'araignée.

Du 15 au 20, arrivée des Cailles. Après avoir traversé la Méditerranée, notre fidèle colonie ne s'est laissée arrêter ni par les fatigues d'un si long voyage, ni par le beau ciel de la Provence ; elle a repris son vol vers ses campagnes traditionnelles.

En même temps, arrive le Rale de genêt, *Gallinula Crex* Lath. On l'a surnommé vulgairement le *Roi des Cailles*, parce qu'il a l'air de les conduire, en arrivant et en repartant avec elles.

« Dans les prairies humides, dès que l'herbe est haute, et jusqu'au temps de la récolte, il sort des endroits les plus touffus de l'herbage une voix rauque, ou plutôt un cri bref, aigre et sec, crek, crek, crek, assez semblable au bruit que l'on exciterait en passant et en appuyant fortement le doigt sur les dents d'un gros peigne ; et lorsqu'on s'avance vers cette voix, elle s'éloigne, et on l'entend venir de cinquante pas plus loin, c'est le Rale de terre ou de genêt. »   ·BUFFON.

Le 21, arrivée de l'hirondelle des fenêtres, *Hirundo*

urbica Lin. C'est l'époque moyenne de son apparition
et l'annonce définitive des beaux jours.

— On se plaint que le nombre des oiseaux chanteurs
diminue, et en même temps que dans les vergers,
malgré l'échenillage de règle, les arbres sont quelquefois dévastés par des quantités énormes d'insectes et de
chenilles. C'est l'effet d'une malheureuse coutume de
quelques campagnes où de petits maraudeurs se font
gloire de piller les nids des oiseaux. Les oiseaux insectivores ne sont revenus dans nos contrées que pour y
vivre de cette surabondance que la nature leur a préparée. Si nous laissons détruire leurs œufs et leurs cou-
vées, la nature elle-même nous en punira comme d'un
délit. Les autorités municipales devraient avoir l'œil
sur ce maraudage, dans l'intérêt de l'agriculture.

XXXIII.

(Avril 22-30.)

1° *Ephémérides astronomiques.*

	SOLEIL.			LUNE.		
JOURS.	Lever.	Coucher.	JOURS.	Lever.		Coucher.
22 lun.	5 h.14 m.	7 h.14 m.	18	10^h 48^m S.		7^h 14^m M.
23 mar.	5 12	7 16	19	11 39		8 5
24 mer.	5 10	7 17	20	— —		8 50
25 jeu .	5 8	7 19	21	0 25	M.	9 40
26 ven.	5 6	7 20	22	1 6		10 35
27 sam.	5 4	7 22	23	1 43		11 34
28 dim.	5 3	7 23	24	2 16		0 37 S.
29 lun.	5 1	7 25	25	2 46		1 42
30 mar.	4 59	7 26	26	3 15		2 50

Le 22, la durée du jour est de 14 heures.

Le 30, elle est de 14 h. 25 m.

Phases lunaires :

D. Q. le 27, à 2 h. 25 m. matin.
3ᵉ octant, le 23 ; D. octant, le 30.
Le 23, lune apogée.

———

2. *Ephémérides météorologiques.* — A s'en tenir à l'opinion des influences lunaires et au calcul des moyennes tiré d'un grand nombre d'années, il y a probabilité de beau temps entre le 3ᵉ et le 4ᵉ octant. Cette année, nous avons encore un autre avantage, c'est que la lune étant à son apogée le 23, son influence pluvieuse ne se fera pas autant sentir qu'à son périgée. Ainsi, nous avons un peu d'espoir de beau temps du 23 au 30.

Quoi qu'il en soit, voici ce que je trouve pour les mêmes jours en 1848, à midi :

J.	BAR.	THER.	VENTS.	ÉTAT DU CIEL.
22	733,00	10,0	S. S. O.	Pluie.
23	736,00	9,0	S. S. O.	Id.
24	733,00	10,0	O. S. O.	Id.
25	739,00	13,0	O.	Variable.
26	741,00	9,0	O.	Id.
27	745,00	12,0	S.	Beau.
28	741,00	16,0	S. S. E.	Variable.
29	745,00	17,0	S. E.	Id.
30	745,00	12,0	S.	Grande pluie.

Le 27, pendant la nuit, le thermomètre descendit jusqu'à 1,0, et il y eut de la gelée blanche.

A 3 h. le thermomètre était remonté jusqu'à 13°, puis la pluie recommença.

———

3 *Ephémérides botaniques.* — Feuillaison :

Le Noyer, le Hêtre et le Châtaignier.

Le Chêne est ordinairement sans feuilles à la fin d'avril ; il conserve les feuilles rousses de l'année précédente jusqu'à ce que les nouveaux bourgeons les fassent tomber au mois de mai.

Après les pluies douces du printemps, on aperçoit quelquefois dans les allées des jardins et sur les pierres de petites masses verdâtres et gélatineuses. Ce sont des Nostochs, espèces curieuses parmi les Algues d'eau douce. Dès que le soleil reparaît, l'eau qui les avait pénétrées s'évapore et il ne reste plus qu'une membrane ridée et peu apparente.

Floraison :

Plusieurs familles de plantes spontanées ont déjà un représentant pour prémices de l'herborisation annuelle.

Renonculacées. *Caltha palustris*, dans les prairies humides.

Rosacées. *Fragaria collina*, dans les bois.

Valérianées. *Valerianella carinata*, à l'est du dép.

Alsinées. *Cerastium vulgatum* DC., lieux sablonneux.

Composées. *Senecio vulgaris* L., commune partout.

Primulacées. *Primula officinalis*, vulg. Coucou, prairies.

Géraniacées. *Erodium cicutarium* L., lieux sablonneux.

Véronicées. *Veronica arvensis*, lieux sablonneux.

Borraginées. *Pulmonaria offic.*, bois montagneux.

Labiées. *Lamium hybridum* DC., Corny.

Antirrhinées. *Scrophularia vernalis*, buissons.

Amaryllidées. *Narcissus pseudonarcissus* L. On ne l'avait encore remarqué qu'à Woippy. Depuis peu on l'a encore trouvé sur les hauteurs de Longwy.

Juncacées. *Luzula vernalis*, dans les bois humides.

La famille des Cypéracées, voisine de celle des Graminées, et qui n'a comme elle que des glumes au lieu de fleurs, a plusieurs espèces printanières : le Carex gazonnant, *C. cæspitosa*, et le Carex raide, *C. stricta*, à la Basse-Montigny ; le Carex de montagne, *C. montana*, et le Carex digité, *C. digitata*, dans les bois de Lorry, d'Ars, etc.

Ajoutons de la même famille une Linaigrette, *Eriophorum angustifolium*, à Woippy et dans la vallée de l'Orne.

Floraison des plantes cultivées. C'est à la fin d'avril que le jardinier commence à jouir. Pour les bordures, outre les Ibérides et les Primevères communes, il a plusieurs variétés d'Oreilles d'ours , à couleurs vives et veloutées, plusieurs espèces de Jacinthes et de Muscaris, avec des Iris naines. Le Thym, *Thymus vulgaris*, et le Basilic, *Ocimum basilicum*, sont recherchés pour bordures , mais c'est à cause de leurs petites feuilles touffues et aromatiques.

Dans les parterres fleurissent les Azalées rustiques , la belle fumariacée *Corydalis formosa*, la Coronille des jardins, plusieurs Spirées à fleurs blanches, le *Lamium Orvala* L. , la Pivoine en arbre , *Pæonia Moutan*, et la Pivoine de Sibérie, *P. tenuifolia* L. On cultive à Metz une variété du Narcissus pseudon. sous le nom de *Claudinette*.

Dans les massifs et bosquets fleurissent l'Arbre de Judée, *Cercis siliquastrum* , aux bouquets roses, et le Faux-Ebénier, *Cytisus Laburnum*, aux grappes jaunes comme de l'or. On distingue aussi le grand *Paulownia*

imperialis Sieb., qui montre ses fleurs d'un bleu violà-
tre un peu avant ses larges feuilles. Le Lilas, *Syringa
vulgaris*, est souvent en fleurs à la fin d'avril.

———

4. *Ephémérides zoologiques.* — Du 25 au 30 avril,
arrivée des Martinets, *Cypselus Apus* V., en même
temps que la floraison du Lilas. Ils commencent leurs
bruyantes évolutions autour des grands édifices. Ce
sont de véritables razzias qu'ils exécutent à travers les
tribus aériennes des diptères qui viennent d'éclore. Il y
a des années où ils ne se font pas entendre avant le
mois de mai.

Dans les bois et les vergers, c'est aussi l'arrivée de
la Fauvette grise, *Sylvia cinerea*, de la Fauvette babil-
larde, *S. curruca*, et de la petite Fauvette, *S. hortensis.*

Dans les mêmes lieux, et à la même époque, arrivent
aussi les Gobe-mouches, *Muscicapa*, dont une espèce,
le Becfigue, *Syl. Ficedula* Lath., se nourrit en été de
la pulpe des fruits.

Outre les Chenilles, il y a plusieurs espèces d'insectes, malheureusement trop connues à cause des ravages qu'elles font dans les jardins et les champs. Les
Hannetons, *Melolontha vulgaris* et *M. Hippocastani*, sortent de terre à la fin d'avril.

La Courtillière, *Gryllotalpa vulgaris* Latr., se creuse
des terriers et détruit les racines des plantes potagères.
L'Altise bleue, *Altica oleracea*, se multiplie quelquefois avec tant d'abondance dans les champs de crucifères qu'elle fait le désespoir des cultivateurs; ils la
désignent sous le nom vulgaire de *Puce de terre.*

Quelques cultivateurs se sont fait depuis peu les avocats de la Taupe. Ils prétendent que non-seulement elle n'est pas aussi coupable qu'on le pense communément, puisqu'elle est insectivore, mais encore que, s'il lui arrive de nuire aux racines des plantes, en construisant ses galeries souterraines, ce petit dégât est bien compensé par la destruction des Hannetons et des Courtillières. Je ne sais si cette apologie pourra blanchir la pauvre petite bête dans l'opinion publique.

— En même temps que les vents printaniers nous apportent des légions aériennes, pour peupler nos bois et nos jardins, il nous arrive de la mer plusieurs espèces de poissons qui ont coutume de remonter les rivières au printemps.

C'est d'abord l'Alose, *Clupea Alosa* Lin., qui, après s'être engagée dans les embouchures du Rhin, entre dans la Moselle à Coblentz, et arrive quelquefois en troupes nombreuses jusqu'à Metz.

L'Esturgeon, *Acipenser Sturio* Lin., s'engage aussi dans la Moselle accidentellement, et, à Metz, on en a pris de temps en temps d'une taille et d'un poids remarquables. Ausone, dans son poëme, l'appelle la *Baleine de la Moselle.* C'est avec sa vessie natatoire qu'on fait la colle de poisson.

La grande Lamproie, *Petromyzon marinus* Lin., remonte aussi les rivières au printemps ; on en prend quelquefois dans la Moselle, près de Metz.

XXXIV.

Le mois de mai est le cinquième de l'année civile chez les peuples modernes, comme il l'était dans l'année julienne : son nom venait de Maïa, mère de Mercure, et il a été conservé dans le calendrier des chrétiens, quoique depuis longtemps la déesse Maïa soit effacée de leurs souvenirs. Comme c'est le plus beau mois de l'année, et par excellence le mois du printemps, son arrivée a été célébrée de temps immémorial par des fêtes et des réjouissances. On offrait un rameau vert aux hommes en charge, ou bien on dressait un arbre devant leur porte ; c'est ce qu'on appelait *planter le mai*. Dans nos campagnes, une jeune fille parée de rubans parcourait le village, suivie d'un groupe de ses compagnes, en chantant le *trimazo*. Cette coutume existe encore, je pense, dans plusieurs cantons.

Mais la coutume la plus touchante est celle d'un grand nombre de paroisses où l'on se plaît à nommer le mois de mai *mois de Marie*. Tous les soirs on apporte à l'église le tribut de la saison nouvelle. C'est une réunion pieuse et charmante, qui suggère le souvenir du Paradis terrestre, et celle qui y préside, c'est une mère pleine de grâce, reine du Ciel. J'aime ce symbole mystérieux, qui nous la représente revêtue de la lumière du soleil, avec la lune sous ses pieds et une couronne d'étoiles sur la tête.

1° *Ephémérides astronomiques.*

	SOLEIL.			LUNE.	
JOURS.	Lever.	Coucher.	JOURS.	Lever.	Coucher.
1 mer.	4 h. 57 m.	7 h. 28 m.	27	3h 44m M.	4h 1m S.
2 jeu.	4 56	7 29	28	4 13	5 15
3 ven.	4 54	7 31	29	4 44	6 36
4 sam.	4 52	7 32	1	5 19	7 45
5 dim.	4 51	7 33	2	6 0	8 59
6 lun.	4 49	7 35	3	6 48	10 10
7 mar.	4 48	7 36	4	7 43	11 11

Le 1er mai, la durée du jour est de 14 h. 31 m.
Le 7, elle est de 14 h. 48 m.

Phases lunaires :

N. L. le 4, à 8 h. 5 m. mat. — 1er octant, le 7.

Aspect des planètes :

Pendant tout le mois de mai, Vénus sera l'*Etoile du matin*, et ne sera pas visible le soir, son lever étant vers 3 h. du matin et son coucher vers 4 h. du soir.

Mars se lèvera vers 9 h. matin et se couchera vers
1 h. matin. Après le coucher du soleil, on pourra le voir
à quelque distance de l'horizon ; il passera au méridien
vers 5 h. 1/2 du soir.

Jupiter se lèvera vers 2 h. du matin et se couchera
vers midi ; on ne pourra le voir qu'avant le lever du
soleil.

2. *Ephémérides météorologiques.* — Tout le mois
d'avril a été bien variable et même généralement pluvieux, ainsi que nous l'avions conjecturé Le mois de
mai vient-il nous consoler et justifier son ancienne réputation ? Remarquons d'abord qu'il commence trois
jours avant la nouvelle lune, époque ordinairement pluvieuse. Eh bien ! malgré cette coïncidence, nous avons
un grand motif d'espérance, fondé sur l'année 1848.

Observations faites en 1848, à midi.

JOURS.	BAROM.	THERMOM.	VENTS.	ÉTAT DU CIEL.
1	748	12,0	E. N. E.	Beau.
2	745	14,0	E.	Id.
3	746	16,0	E.	Id.
4	748	16,0	N. N. E.	Id.
5	749	15,0	N. E.	Id.
6	749	16,0	E.	Id.
7	748	17,0	E.	Id.

3. *Ephémérides botaniques.*

Feuillaison :

Le chêne commence à verdir au commencement de
mai ; il est prévenu par le hêtre, son rival.

Floraison :

Puisque c'est le mois de Marie, indiquons d'abord , parmi les fleurs qui s'épanouissent, quelques-unes, que d'anciennes traditions ont consacrées à la sainte Vierge.

La Pivoine des jardins, *Pæonia officinalis,* a été appelée Rose de Notre-Dame, à cause de la beauté et de la couleur de ses fleurs.

L'Ancholie avait été appelée *Aquilegia,* parce que les cinq pétales prolongés au-dessous en forme d'éperons , représentent les griffes de la serre d'un aigle ; nos aïeux y virent les cinq doigts de la main, et ont nommé la plante Gant de N.-D.

Le Taminier, *Tamus communis* L., dont les tiges grêles et grimpantes servent quelquefois à couvrir des berceaux, et dont les fleurs, qui représentent assez bien la forme d'un cachet , ont été appelées Sceau de la Vierge, Sceau de N.-D.

Enfin, le Sabot de Vénus , *Cypripedium Calceolus,* autrefois *Calceolus Marianus,* a été appelé Sabot de la Vierge , à cause de son labelle jaune et creux en forme de sabot. C'est sans doute le nom de cette plante qui arrachait une plainte au comte de Montalembert :

« Marie surtout, cette fleur des fleurs, cette rose sans épines, ce lis sans tache, avait une innombrable quantité de fleurs, que son doux nom rendait d'autant plus belles et plus chères à son peuple. Les savants de nos jours ont cru mieux faire de substituer à son souvenir celui de Vénus. »

D'autres fleurs qui paraissent aux premiers jours de mai sont, parmi les Asparaginées :

Le Muguet , *Convallaria maïalis,* dans les bois et les haies, le Muguet multiflore et le M. Sceau de Salomon, *C. Polygonatum*, dans les bois (Lorry, Woippy, etc.) Le Muguet de mai s'appelait jadis *Lilium convallium*.

Le Cerisier odorant ou Mahaleb est aussi appelé Bois de Sainte-Lucie, parce qu'il croissait en abondance autour d'un couvent de ce nom dans les Vosges. Dans les bosquets, ses touffes de fleurs blanches et odorantes se mêlent agréablement aux fleurs jaunes du Cytise des Alpes.

———

4. *Ephémérides zoologiques.* — Tous les oiseaux d'été sont arrivés, tous travaillent à la construction de leurs nids ; les jardins et les bosquets retentissent de leurs joyeux gazouillements. Vers le soir, tous se taisent pour entendre les brillantes modulations du rossignol.

— Apparition de plusieurs papillons, le Polyommate *Argiolus* autour des buissons, le Bombyx Petit-Paon sur les ronces, le Bombyx Tau sur les hêtres.

— Libellules. Dès le commencement de mai on voit la Caroline de Geoffroy, *Libellula vulgatissima* L., dans les prairies humides et au bord des ruisseaux ; c'est la première qui paraît.

XXXV.

(Mai 8-14.)

1° *Ephémérides astronomiques.*

	SOLEIL.			LUNE.	
JOURS.	Lever.	Coucher.	JOURS.	Lever.	Coucher.
8 mer.	4 h.46 m.	7 h.38 m.	5	8h 45m M.	—h —m
9 jeu .	4 44	7 39	6	9 52	0 4 M.
10 ven.	4 43	7 40	7	11 1	0 48
11 sam.	4 41	7 42	8	0 11 S.	1 26
12 dim.	4 40	7 43	9	1 20	1 59
13 lun.	4 39	7 45	10	2 28	2 28
14 mar.	4 37	7 46	11	3 44	2 55

Le 8 mai, les jours sont de 14 h. 52 m.; le 14, ils
sont de 15 h. 9 m.

Phases lunaires :

D. Q. le 10, à 10 h. 30 m. soir ; 2ᵉ oct. le 13.

———

2. *Ephémérides météorologiques.* — Cette seconde semaine du mois de mai est marquée par un phénomène météorologique d'une certaine célébrité: c'est un abaissement anormal de température qui paraît attaché périodiquement aux trois jours de mai 11 , 12 et 13. Ce phénomène, dans les traditions horticoles, était vulgairement nommé les *trois saints de glace :* le 11 S. Mamert, le 12 S. Pancrace, le 13 S. Servais. Ces trois bienheureux sont redoutés des jardiniers dans les provinces du nord, et l'on se garde bien de tirer les plantes délicates de l'orangerie avant que leur fête soit passée. Il est de tradition que, ces trois jours-là, le froid se fait sentir et descend parfois jusqu'à la gelée , et voici l'anecdote curieuse que l'on raconte.

Le roi de Prusse qu'on appelait le grand Frédéric se promenait un jour sur les terrasses de son palais de Sans-Souci. C'était un des premiers jours de mai , la température était douce, le soleil brillait , tous les arbres étaient éclatants de verdure et de fleurs, Frédéric se réjouissait de sa promenade printanière. Mais une chose manquait : les orangers qui garnissaient autrefois les terrasses. Il fait venir le jardinier. « Où sont donc les orangers ? lui dit-il. — Mais, sire, lui répond le jardinier, pardon, il n'est pas encore temps de les sortir. — Pourquoi donc ? il fait si beau ! — Eh ! sire , ne craignez-vous pas les trois saints de glace? — Qu'est-ce que tu veux dire ? — Oui, S. Mamert, S.

Pancrace et S. Servais. — Ta, ta, ta, je ne m'inquiète
pas de ces saints-là ; que demain mes orangers soient à
leur place. » Le jardinier obéit, et tout alla bien jusqu'au 10; mais le 11, jour de S. Mamert, la nuit fut
froide ; le 12, elle le fut encore davantage, et le 13, on
vit le matin qu'il avait gelé. Les orangers avaient beaucoup souffert, et Frédéric reconnut qu'il ne fallait pas
toujours dédaigner les *préjugés* des jardiniers.

Cette anecdote contribua beaucoup à donner de la
célébrité aux trois saints de glace. Les météorologistes
de l'Allemagne firent des calculs et ils constatèrent
qu'en effet il y avait ordinairement un abaissement de
température entre le 10 et le 14 mai.

A leur exemple, on fit aussi en France des comparaisons d'un bon nombre d'années, et l'on crut reconnaître
qu'il y avait souvent un abaissement de température
vers le milieu de mai. Seulement, on trouve qu'à Paris
ce n'était pas les 11, 12 et 13, comme à Berlin, mais
les 13, 14 et 15.

Puis on chercha la raison du phénomène ; les conjectures se portèrent sur la fonte des neiges, qui doit ar-
river tous les ans à l'occasion des premières chaleurs.
On sait qu'en fondant la neige absorbe une grande
quantité de chaleur qu'elle emprunte aux couches d'air
environnantes. C'est, sans doute, la vraie cause de l'a-
baissement anormal qu'on a remarqué : mais elle est
sujette à tant de variations qu'il est bien difficile de lui
assigner une époque moyenne. Pour moi, je l'avoue,
j'ai cherché en vain à fixer cette époque pour le pays
de Metz. Pendant le mois de mai, il nous vient, d'une
manière intempestive, de froides journées, mais tantôt

au commencement, tantôt plus tard. Quelquefois même nous n'avons eu aucun abaissement notable de température. Ainsi, en 1848, depuis le 2 mai jusqu'à la fin du mois, le thermomètre a toujours été assez élevé; le 14, il marquait 26° à 3 heures du soir.

3. *Ephémérides botaniques.*

Feuillaison :

Le *Robinia Pseudoacacia ;* ce bel arbre, si recherché pour les plantations d'ornement, a cet inconvénient de verdir plus tard que les autres. Il est rare qu'il ait des feuilles avant le milieu de mai.

Floraison :

Le nombre des fleurs que le mois de mai fait épanouir est si considérable qu'il est impossible d'en faire l'énumération. Nous mentionnerons au moins les plus remarquables en commençant par les indigènes.

Graminées printanières :

Les Vulpins, *Alopecurus pratensis*, *A. geniculatus*, etc., dans les prairies humides.

La Flouve odorante, *Anthoxantum odoratum*, ibid.

Le Millet, *Milium effusum*, très-commun dans les bois. Il ne faut pas le confondre avec le Millet cultivé, *Panicum*.

Renonculacées :

Plusieurs Renoncules à fleur d'or dans les prairies, *Ranonculus auricomus*, *R. bulbosus*, *R. repens*, *R. arvensis*.

L'Epine-Vinette, *Berberis vulgaris*, L.

Crucifères :

Barbarea vulgaris, l'herbe de Sainte-Barbe, dans les lieux humides, le long des ruiseaux.

Erysimum officinale L., Herbe aux chantres, dans les lieux incultes. — *Erysimum alliaria* L , Vélar à odeur d'ail, dans les lieux incultes. — *Hesperis matronalis*, julienne sauvage, dans quelques bois.

Cardamine amara dans les vallons humides.

Rosacées :

Potentilla anserina aux fleurs jaunes et aux feuilles d'un blanc soyeux, d'où est venu son nom Argentine, commune au bord des chemins.

Le Framboisier, *Rubus idœus* L.

En même temps fleurissent dans les jardins d'agrément trois petites plantes qui portent vulgairement le nom de *Gazon*, l'*Alyssum saxatile* ou *Gazon d'or*, le Céraiste cotonneux ou *Gazon d'argent*, et le *Statice armeria* ou *Gazon d'Olympe*, toutes trois intéressantes en corbeilles ou en bordures.

Le Rosage du Pont, bien qu'originaire de Trébizonde, épanouit ses belles fleurs avant le *Rhododrendrum ferrugineum* des Alpes.

Parmi les plantes utiles de la famille des crucifères, il en est une originaire du Midi et cultivée dans nos jardins, qu'on appelle Angélique Archangélique. Elle doit son nom à la beauté de son port et aux propriétés merveilleuses qu'on lui attribue, plutôt qu'à une fête quelconque de saint Michel. Mais c'est vers le 8 mai qu'on en coupe les jeunes tiges pour les remettre au confiseur.

Le bourgeonnement du *Capparis spinosa* n'est pas indifférent à l'économie domestique. Dans son pays natal, au Midi, on enlève les boutons à mesure qu'ils paraissent ; confits dans le vinaigre, ce sont les Câpres du commerce. Dans nos jardins, on laisse les fleurs s'épanouir au mois de mai ; ce n'est qu'un arbrisseau d'ornement.

Au-dessus de toutes ces richesses printanières, s'élève majestueusement le Marronnier d'Asie, à peu près naturalisé en France. Dès la première quinzaine de mai, un mois après la feuillaison, ses rameaux touffus se garnissent de nombreux bouquets en thyrse de fleurs blanches, fleurs singulières à sept étamines, aussi bien que les belles fleurs jaunes ou rouges des Pavies d'Amérique, qui sont de la même famille et qui fleurissent en même temps : ce sont les seuls représentants de l'heptandrie dans nos provinces.

***

4. *Ephémérides zoologiques.* — C'est dans le courant de mai que les chevaux et les bêtes à cornes peuvent jouir de la nouvelle verdure ; c'est aussi l'époque de la première sortie des agneaux. Mais les cultivateurs savent assez que la transition du sec au vert demande des précautions.

— Beau moment pour les Abeilles : les campagnes et les jardins sont garnis de fleurs, qui ouvrent leurs corolles et fournissent aux diligentes ouvrières le nectar et la cire dont elles ont besoin. Dans plusieurs contrées, c'est aussi le temps de la sortie des premiers essaims. Que les gardiens soient attentifs. Si la ruche est frappée de quelques rayons plus chauds, c'est le signal du départ d'une colonie.

— Avec le développement des bourgeons coïncide l'éclosion de plusieurs lépidoptères : le Smérinthe demi-paon sur les saules et les pommiers, le Sm. du tilleul et celui du peuplier ; le Sphinx du caillelait, et plusieurs *Argynnis* dans les prés et les jardins.

XXXVI.

(Mai 15-21.)

1° *Ephémérides naturelles*.

SOLEIL.			LUNE.		
JOURS.	Lever.	Coucher.	JOURS.	Lever.	Coucher.
15 mer.	4 h.36 m.	7 h.47 m.	12	4^h 39^m S.	3^h 22^m M.
16 jeu.	4 35	7 49	13	5 42	3 44
17 ven.	4 33	7 50	14	6 44	4 17
18 sam.	4 32	7 51	15	7 44	4 48
19 dim.	4 31	7 52	16	8 41	5 23
20 lun.	4 30	7 54	17	9 34	6 2
21 mar.	4 28	7 55	18	10 22	6 45

Le 15, la durée du jour est de 15 h. 11 m.

Le 21, elle est de 15 h. 27 m.

Points lunaires :

Le 18, Pl. L. à 2 h. 17 m. soir.

Le 20, apogée ; le 21, 3ᵉ octant.

———

2° *Ephémérides météorologiques*. — Le soleil a répondu à nos vœux, et même il semble vouloir donner un démenti solennel au proverbe des *Trois saints de glace*. Mais il est difficile de croire à cette élévation anormale du thermomètre, sans que son confrère le baromètre n'avoue quelque dépression.

Voici les observations faites à midi en 1848 :

JOURS.	BAROM.	THERMOM.	VENTS.	ÉTAT DU CIEL.
15	745	25,0	S.	Nuageux.
16	739	25,0	O. S. O.	Quelques nuages
17	733	21,0	S.	Couvert.
18	735	13,0	O.	Pluie et vent.
19	743	18,0	E.	Beau.
20	744	17,0	N. O.	Petite pluie.
21	752	18,0	O. N. O.	Beau.

———

3° *Ephémérides botaniques*. — Nous sommes à une époque du printemps où l'amour des plantes, favorisé par une douce température, appellera au moins une fois par semaine l'herboriste dans la campagne ; la Flore portative de Hollandre à la main, la boîte de fer-blanc en bandoulière et la joie dans l'âme, le voilà en route. Il sait que telle espèce de fleur n'existe que dans telle vallée et qu'elle a dû s'épanouir depuis huit jours ; et pour aller la cueillir, il prévient le lever du soleil ; il compte pour rien la fatigue, et quand il est parvenu à trouver sa plante chérie au milieu du gazon, quelle jouissance ! Cette espèce manquait à sa collection : comme il se félicite à bon droit de son modeste butin !

Mais, indépendamment de ces récoltes réglées, destinées à composer un herbier méthodique, n'est-il pas vrai que l'examen de quelques plantes printanières est toujours accompagné d'un vrai plaisir et qu'il est intéressant de savoir au moins le nom de ces fleurs dont la pelouse est émaillée. Pour moi, je l'avoue, j'ai toujours eu cette innocente curiosité. Si parfois, me trouvant à l'ombre au pied d'un tilleul ou d'un ormeau et jetant les yeux autour de moi , je distinguais au milieu des herbes une grande variété de tiges, de feuilles, de calices, de corolles, je me demandais ce que c'était que ces diverses productions de la nature, à quelles familles elles appartenaient, à quels genres , à quelles espèces, et je n'étais pas content si je les quittais sans avoir pu le découvrir.

Il est incroyable combien de fleurs on peut remarquer dans un petit espace de terrain, et presque sans sortir de place. Ainsi vous trouvez-vous près d'une haie, sur le bord d'un chemin ombragé? Au milieu de mai, vous y remarquerez non loin de vous de petites fleurs blanches, en étoiles : ce sont des Stellaires, *Stellaria holostea, St. graminea* L. Plus loin voilà des fleurs de la même forme, mais plus grandes et d'un beau rose carné, ce sont des Lychnides, *Lychnis Flos cuculi* L.; plus loin sont des touffes de Luzerne, *Medicago lupulina*, à petites fleurs jaunes et à feuilles ternées : çà et là des plantains dressent leurs têtes brunes, *Plantago media, Pl. lanceolata*. Là, parmi des décombres, est la grande Chélidoine aux quatre pétales jaunes. *Chelidonium* veut dire en grec *hirondelle*; on ne saurait deviner pourquoi les anciens ont donné ce nom à cette plante, et les fables n'ont pas manqué. Il sort de toutes les parties de la Chélidoine un suc jaunâtre, fétide et corrosif, dont l'usage dangereux devrait être laissé à la médecine vétérinaire. Sur une vieille muraille voilà une belle crucifère jaune, c'est la Giroflée, *Cheiranthus Cheiri*, et au bord de ce ruisseau limpide une autre crucifère à petites fleurs jaunes, c'est le Cresson sauvage, *Nasturtium sylvestre* B. Br., congénère du célèbre Cresson de fontaine. Dans toute la prairie on distingue déjà de loin le rouge Coquelicot, *Papaver Rhœas* L., et les Renoncules d'un jaune d'or, *Ranunculus acris, R. repens, R. bulbosus*. C'est cette dernière espèce qu'on appelle vulgairement *Bassinet*.

Si nous passons ensuite dans un jardin d'agrément, nous retrouverons les mêmes espèces perfectionnées par la culture : les *Boutons d'or*, variétés à fleurs doubles du *Ranunculus acris* et du *R. repens;* puis les *Boutons d'argent*, variétés du *R. aconitifolius*. Dans les mêmes parterres et de la même famille sont les nombreuses variétés doubles de l'Anémone des fleuristes et de l'Anémone des jardins. Ailleurs ce sont les nombreuses variétés simples et doubles du Coquelicot, avec le Pavot à bractées, *Papaver bracteatum*, à fleurs simples, mais grandes, et d'un rouge vif.

La famille des Liliacées n'a maintenant à nous montrer que l'Asphodèle Bâton de Jacob, *Asphodelus luteus* du midi; on le distingue à son long épi de fleurs jaunes, et il a l'air de protéger les Tulipes qui commencent à briller à ses pieds.

Le jardinier nous montre le Grenadier qui se garnit de feuilles rougeâtres, et le Laurier, *Laurus nobilis* L., dont les fleurs peu apparentes se confondent avec les feuilles. Mais comme le 15 mai est arrivé et que les gelées ne sont plus à craindre, il met les Orangers en place et tire successivement de la serre froide toutes les plantes délicates qui vont étaler en plein soleil leurs richesses exotiques.

4° *Ephémérides zoologiques.* — Un Coléoptère dont l'épithète vient du mois de mai est facile à distinguer : c'est le *Meloë maialis*. Il est noir et se traîne lentement dans les herbes ; de ses articulations il sort un suc jaunâtre et visqueux, d'une qualité un peu vésicante.

Pendant que vous êtes sur les bords d'une eau tranquille, examinez les larves des Cousins et des Tipulaires ; c'est l'époque de leur métamorphose. Tant qu'elles n'avaient qu'une existence aquatique, elles étaient la proie des poissons ou des insectes carnassiers. Maintenant qu'elles ont déposé leur première enveloppe, ce sont des diptères qui sont dignes de votre attention. La nature leur a donné des ailes et un panache. Le Cousin a de plus l'équivalent d'une trompette, et pendant qu'il se livre à son instinct sanguinaire, les Tipules innocentes s'élèvent en colonnes extrêmement nombreuses, et semblent par leurs danses annoncer le beau temps.

Mais ce sont principalement les Papillons qui attirent les regards ; pendant le mois de mai a lieu l'éclosion d'un grand nombre. Dans l'impossibilité de les signaler tous, nous indiquerons au moins les principaux.

Cherchez d'abord les Chrysalides des deux belles espèces *Podalire* et *Machaon* ; le premier va éclore sur le Prunellier, le second sur la Carotte ou le Fenouil. Les Vanesses *Cartes géographiques* vont aussi éclore sur les ronces, les Nymphales *Grand Mars* et *Grand Sylvain* sur les peupliers, les Piérides *Gazée* sur l'aubépine et *Blanc de lait* sur la moutarde, les Coliades *Edusa* et *Hyale* dans les champs de trèfle et de luzerne : jaunes tous les deux, le premier s'appelle *Souci*, le second *Soufre.*

Plusieurs Crépusculaires : Sphinx fuciforme sur le lilas, Sphinx bombyliforme sur la scabieuse, Smérinthe de l'Epilobe sur les onagraires.

Plusieurs Nocturnes : les Bombyx de la ronce, de l'aubépine et du trèfle.

Les Névroptères aussi appellent notre attention, et spécialement les Æschnes qui sont les plus grandes espèces de Libellules.

Dans le voisinage des ruisseaux, vous pouvez en voir qui poursuivent les autres insectes ; elles planent à la manière des oiseaux de proie, et saisissent au vol, pour les dévorer, des Tipules et même des Papillons.

XXXVII.

(*Mai* 22-31.)

1° *Ephémérides astronomiques.*

SOLEIL.			LUNE.		
JOURS.	Lever.	Coucher.	JOURS.	Lever.	Coucher.
22 mer.	4 h. 27 m.	7 h.56 m.	19	11ʰ 5ᵐ S.	7ʰ 34ᵐ M.
23 jeu.	4 26	7 57	20	11 43	8 27
24 ven.	4 25	7 58	21	— —	9 14
25 sam.	4 24	7 59	22	0 17	10 14
26 dim.	4 23	8 1	23	0 47 M.	11 27
27 lun.	4 22	8 2	24	1 15	0 33 S.
28 mar.	4 21	8 3	25	1 43	1 41
29 mer.	4 21	8 4	26	2 1	2 50
30 jeu.	4 20	8 5	27	2 41	4 2
31 ven.	4 19	8 6	28	3 14	5 18

Le 22 mai, la durée du jour est de 15 h. 29 m., et le 31, elle est de 15 h. 47 m.

Phases lunaires :

D. Q. le 26, à 5 h. 46 m. soir.

Dernier octant, le 30.

———

2° *Ephémérides météorologiques.* — Nous avons eu la semaine dernière un abaissement notable du thermomètre, et ce refroidissement n'a pas correspondu aux trois saints de glace de Berlin ; il a eu lieu plus tard. Serait-ce un *confirmatur* des calculs faits à l'Observatoire de Paris ? On y a trouvé, par 30 années d'observations, qu'il n'y avait pas à Paris, dans le mois de mai, trois jours consécutifs dont la température fût aussi basse que celle des 13, 14 et 15. C'est ce que nous venons de voir à Metz. Néanmoins je doute que l'on puisse en déduire une loi certaine ou probable de périodicité.

Observations faites à Metz en 1848, à midi.

J.	BAR.	THER.	VENTS.	ÉTAT DU CIEL.
22	751,00	19,0	N.	Beau.
23	750,00	20,0	N.	Beau, pluie.
24	749,00	22,0	S. E.	Orageux.
25	748,00	21,0	N. N. O.	Beau.
26	747,00	22,0	N. E.	Nuages.
27	746,00	20,0	N. N. O.	Grand vent.
28	746,00	20,0	E. N. E.	Id.
29	745,00	21,0	S. S. E.	Beau.
30	745,00	22,0	N. O.	Id. orage à 5 h.
31	745,00	18,0	E.	Beau, pluie.

———

3° *Ephémérides botaniques.* — Pleine floraison de la Tulipe de Gesner. Pour bien apprécier la valeur de ce présent que nous a fait la Turquie, nous aurions besoin de visiter quelques collections d'amateurs, surtout dans les jardins de la Belgique et de la Hollande. Mais nous ne sommes plus au temps où l'on vit un habitant de Lille vendre sa brasserie pour un seul oignon nouveau, et un amateur de Harlem offrir 500 florins pour un *Semper Augustus*. Maintenant qu'une foule de végétaux curieux nous arrivent de toutes les parties du monde, la Tulipomanie a fait place à mille industries horticoles plus dignes de la nature et de notre curiosité.

Voyez d'abord les Cactées du Mexique. En voici des espèces à tiges comprimées, comme des feuilles informes et qui portent dans les échancrures des fleurs d'un rouge vif, d'autres espèces en forme de serpents, ou en tiges cannelées, qui, du milieu des épines dont elles sont garnies, se couvrent dès le printemps de fleurs magnifiques.

Famille des Iridées. On a remarqué que les plantes de cette famille ont dans le port quelque chose de raide. Mais en revanche quelles brillantes couleurs! A l'Iris naine qui, depuis un mois, fleurit en bordure, vient se joindre la Flambe, *Iris germanica* L., puis l'Iris de Perse et les Ixia de la Californie. Le Glaïeul commun annonce déjà les nombreuses variétés qui feront en été l'ornement des plates-bandes.

Les Polémoniacées ont déjà au mois de mai des représentants : d'abord le *Polemonium cœruleum* de la Grèce, qui a donné son nom à toute la famille, puis les *Gilia* de la Californie, à petites fleurs d'un beau bleu, puis les variétés printanières des *Phlox* de l'Amérique septentrionale.

Enfin, avant de sortir du jardin, voyez l'Asphodèle

royale à fleurs blanches, et les cloches bleues de la *Gentiana acaulis*. Le *Viburnum opulus* L., l'Obier à fleurs simples et l'Obier à fleurs doubles ou Boule de neige font l'ornement des massifs.

Une autre espèce de Viorne, *Viburnum Lantana*, fleurit dans les bois et les jardins.

C'est pendant le mois de mai que fleurissent, dans les bois humides, plusieurs des plantes singulières de la famille des Orchidées. L'une, *Orchis simia* L., porte une fleur dont les quatre divisions imitent les quatre membres d'un singe ; une autre, *Ophrys aranifera*, porte sur sa fleur une tache en forme d'araignée ; sur une autre, *Ophrys anthropophora*, on croirait voir l'image d'un homme pendu.

Cherchez encore, dans les herbes, les espèces : *Orchis bifolia, O. maculata, O. latifolia.*

Dans les haies et les bois, floraison des Nerpruns : *Rhamnus catharticus* et *Rh. frangula*. Avec les baies du premier on prépare une couleur verte, connue sous le nom de *Vert de vessie* ; avec le bois du second, appelé Bourdaine, on prépare un charbon très-léger qui entre dans la composition de la poudre à canon. En même temps fleurit aussi le Fusain, *Evonymus europæus*, avec les branches duquel, réduites en charbon, sont formés des crayons propres aux dessinateurs. A ses fleurs d'un vert pâle succéderont des capsules d'un rouge vif, dont la forme, assez semblable à la barette d'un cardinal, a fait appeler vulgairement cet arbrisseau *Bonnet de prêtre*.

L'Oseille, *Oxalis acetosella*, qu'on trouve sauvage dans les bois humides, est cultivée pour l'usage domes-

tique, et il est à remarquer que cette famille des Oxa-
lidées renferme plusieurs espèces à petites fleurs roses
très-jolies en bordures.

Dans les bois , c'est aussi la floraison des Chèvrefeuilles, *Lonicera periclymenum* L , à tiges grimpantes
et à fleurs d'un jaune rougeâtre et à tube très-long.
L'espèce des jardins, *Lonicera caprifolium*, à fleurs
plus belles, est originaire du Midi.

Dans les prés, la famille des Papilionacées a maintenant en fleurs : *Trifolium pratense, Tr. repens, Vicia
lutea, V. sepium*, et enfin le sainfoin , *Hedysarum ono-
brychis* L.

4° *Ephémérides zoologiques*. — Coléoptères. Il paraît que, cette année, à la grande satisfaction des jardiniers, les Hannetons sont peu nombreux ; la ponte sera
moindre qu'à l'ordinaire. Donc il y aura peu de Hannetons en 1870, puisque le *Ver blanc* n'achève sa métamorphose que la troisième année.

On trouve le rouge Criocère sur le lis, la Cétoine do-
rée dans la rose, la Cétoine drap mortuaire sur les
chardons, la Trichie noble sur les ombellifères, des
Calandres parmi les graminées. La Calandre ou Cha-
rançon du blé est quelquefois très-nuisible, par les ravages qu'elle cause dans les magasins de céréales. Elle
introduit un œuf dans chaque grain, l'œuf ne tarde pas
à éclore, et le petit ver qui en provient consomme toute
la farine du grain sans qu'il y paraisse dehors.

Orthoptères. Le Grillon des champs se creuse un
logement dans la terre. Le Grillon domestique préfère
le foyer des maisons.

On lira peut-être avec plaisir le dialogue suivant, que j'emprunte à un ouvrage de fantaisie :

« Ce pauvre reclus de Gryllon ne doit guère s'amuser dans son ermitage ; il ne voit jamais le soleil aux cheveux d'or, ni le ciel de saphir, avec ses beaux nuages de toutes couleurs : il n'a pour perspective que la plaque noircie de l'âtre , les chenets et les tisons : il n'entend d'autre musique que la bise et le tic-tac du tournebroche. Quel ennui ! »

— « Enfant, si tu crois que je m'ennuie, tu te trompes étrangement ; j'ai mille sujets de distraction que tu ne connais pas. Mes heures, qui te paraissent si longues, s'écoulent comme des minutes. La bouilloire me conte à demi-voix sa chanson ; la séve qui sort en écumant par l'extrémité des bûches me siffle des airs de chasse ; les braises qui craquent , les étincelles qui pétillent, me jouent des duos dont la mélodie échappe à vos oreilles terrestres. Le vent qui s'engouffre dans la cheminée me fredonne des ballades fantastiques, et me raconte de mystérieuses histoires. Puis, les paillettes de feu, dirigées en l'air, forment, pour me récréer, des gerbes éblouissantes, des globes lumineux rouges et jaunes, des pluies d'argent qui retombent en réseaux bleuâtres... Et moi, penché au bord de mon palais, je savoure à mon aise le bien-être du *chez soi*. »

XXXVIII.

(Juin 1-7.)

Le mois de juin, de 30 jours seulement, était le 6ᵉ
dans le calendrier de Jules César, et il a été conservé
avec son nom dans le calendrier grégorien ; mais on
n'en sait pas bien l'étymologie. Les uns, avec Ovide,
le font venir de Junon ; d'autres supposent que *Maïus*
venait de *majores* et *Junius* de *juniores*.

1° *Ephémérides astronomiques.*

	SOLEIL.			LUNE.	
JOURS.	Lever.	Coucher.	JOURS.	Lever.	Coucher.
1 sam.	4 h.18 m.	8 h. 7 m.	29	3ʰ 51ᵐ M.	6ʰ 22ᵐ S.
2 dim.	4 18	8 8	30	4 34	7 59
3 lun.	4 17	8 9	1	5 26	8 57
4 mar.	4 16	8 10	2	6 26	9 56
5 mer.	4 17	8 11	3	7 32	10 45
6 jeu .	4 15	8 12	4	8 43	11 26
7 ven.	4 15	8 12	5	9 57	— —

Le 1er juin, la durée du jour est de 15 h. 59 m., et le 2, de 15 h. 57 m.

Phases lunaires :

N. L. 2, à 3 h. 36 m. soir. — Périgée.

Le 6, premier octant.

Aspect des planètes :

Pendant tout le mois de juin, Vénus ne sera visible que le matin depuis 3 h. jusqu'à 4 h. à l'orient ; elle se couchera trois heures avant le soleil.

Mars sera sur l'horizon pendant le jour et se couchera entre 11 h. du soir et minuit ; on pourra le voir après le coucher du soleil, pendant 3 heures.

Lever de Jupiter vers minuit ; son passage au méridien sera tous les jours entre 4 et 5 h. du matin.

---

2. *Ephémérides météorologiques.* — Le mois de mai, qui nous avait donné une semaine entière d' beau temps et de chaleurs intenses, ne s'est pas soutenu ; il s'est laissé dominer par des vents froids et humides, et même le 23, nous avons vu, le matin, une véritable gelée, d'autant plus intempestive que les plantes étaient tout imprégnées de l'humidité des jours précédents. Chose singulière, en 1848, après de fortes chaleurs, il y eut aussi, le matin du 23, une gelée blanche; mais elle ne causa aucun dommage.

En 1849, le 1er juin, le thermomètre marqua 30° et il y eut un violent orage. Puis tout à coup les habitants de Metz virent avec étonnement et presque avec frayeur les eaux de la Moselle prendre une teinte rougeâtre ; et quelques-uns pensaient déjà y voir les signes d'un fléau pire que le choléra.

Mais ce phénomène menaçant fut bientôt expliqué. Les torrents formés par l'orage avaient entraîné des terres ferrugineuses dans le courant de la rivière.

Le 2 juin de la même année, il y eut 31° de chaleur; le 3, il y en eut 34, et le 6, un violent orage éclata sur le Saint-Blaise et ravagea les villages qui lui sont adossés. C'est l'année 1848 qui nous intéresse le plus; voici les observations faites à midi :

JOURS.	BAROM.	THERMOM.	VENTS.	ÉTAT DU CIEL.
1	741mm	14,0	N.	Pluie fine.
2	737	14,0	O. S. O.	Un peu de pluie.
3	735	18,0	S. O.	Id.
4	740	16,0	S. O.	Id.
5	742	21,0	S. S. E.	Id.
6	743	20,0	O. S. O.	Nuageux.
7	746	23,0	S.	Id., brouillard.

J'ai dit que cet abaissement anormal de température que nous avons eu pendant toute la seconde moitié du mois de mai ne me semblait pas confirmer la tradition des *trois saints de glace*. Mais qu'une élévation extraordinaire du thermomètre soit suivie d'un abaissement insolite, c'est un phénomène fréquent qui mérite d'être étudié.

3. *Ephémérides botaniques.*—Toutes les plantes dites printanières doivent être bientôt en pleine floraison ; passons en revue celles qui fleurissent au commencement dé juin , soit dans les terres incultes, soit dans les jardins.

Primulacées. *Lysimachia nemorum,* — *Lysimachia nummularia,* vulg. Herbe aux écus, à fleurs jaunes. — Le Mouron des champs, *Anagallis arvensis.*

Labiées. La Sauge officinale à fleurs d'un bleu rougeâtre, bien connue à cause de ses propriétés médicinales. — La Betoine officinale. — Plusieurs Brunelles, *Brunella vulgaris* et *Br. grandiflora.*

Silénées. La Nielle des moissons, *Lychnis githago.*— La Croix de Jérusalem, *L. Chalcedonica.* — La Coquelourde, *L. Coronaria.*

Malvacées. La grande Mauve, *Malva sylvestris*, et la petite Mauve, *Malva rotundifolia* — Dans les jardins la Rose trémière, *Alcea rosea*, L.

Antirrhinées. *Antirrhinum majus*, Mufle de veau ou Gueule de lion. Cette plante du Midi a été tellement cultivée qu'elle est comme naturalisée. — La Digitale, *Digitalis lutea*, se trouve sur les collines de nos environs ; la *D. purpurea* ne se trouve que sur les montagnes de l'est ou du nord. On en cultive plusieurs belles variétés.

Solanées. La Belladone, *Atropa Belladona.* — La Jusquiame, *Hyosciamus niger.*—La Stramoine, *Datura Stramonium.* — La Morelle douce-amère, *Solanum dulcamara.* — La Morelle noire, *Sol. nigrum.* — Le Coqueret, *Physalis Alkekengi.* Le calice de cette dernière s'enfle considérablement après la floraison et devient d'un rouge vif.

Borraginées. La Bourrache, *Borrago officinalis*, croît sauvage dans les jardins. — La Vipérine, *Echium vulgare*, à fleurs bleues, commune dans tous les terrains. On en cultive une belle espèce du Cap, *Echium formosum*, à fleurs roses et à feuilles persistantes. La Buglosse, *Anchusa arvensis.* — Le Grémil , vulg. Herbe aux perles, *Lithospermum officinale.*

Campanulacées. La plupart de ces belles fleurs en forme de cloches s'épanouissent pendant la première moitié de juin. *Campanula grandiflora, C. glomerata, C. persicifolia, C. rotundifolia*, et enfin *C. Speculum*, ou *Prismatocarpus*, vulg. Miroir de Vénus. On en cultive plusieurs variétés.

Bignoniacées. Parmi les lianes qui décorent les forêts vierges de l'Amérique, les Bignones surtout sont remarquables. Dans nos jardins on en fait des festons pour tapisser les murs ou garnir les berceaux. Au premier jour de juin, plusieurs espèces sont en fleurs : *Bignonia capreolata* à fleurs tubuleuses d'un rouge foncé , *B. speciosa* à fleurs pourpres. Cette dernière, de Buenos-Ayres, se conserve dans une serre tempérée.

Composées. Cette famille nombreuse commence a payer le tribut de ses fleurs variées.

Dans les lieux incultes : le Bluet, *Centaurea cyanus* ; le Chardon étoilé, *C. Calcitrapa*. — L'Epervière, *Hieracium vulgatum, H. murorum*. — La Bardane, *Lappa major, L. minor*. — La grande Marguerite, *Chrysanthemum leucanthemum*. La Maroute ou Camomille fétide, *Anthemis cotula*. — *Achillœa millefolium*. — *Erigeron canadense*.

Dans les potagers : *Lactuca sativa*. — *Scorsonera hispanica*. — Le Salsifis, *Tragopogon porrifolius*.

Dans les jardins : l'Immortelle, *Xeranthemum annuum*, l'une à fleurs blanches, une autre à fleurs rouges, une troisième à fleurs jaunes. — Des Seneçons à fleurs doubles de diverses couleurs. — Le Souci, *Calendula pluvialis*. — L'Epervière orangée , *Hieracium aurantiacum*.

Valérianées. *Valeriana officinalis.* —Valeriane rouge des jardins, *Centranthus ruber.*

Dipsacées. La Scabieuse, *Scabiosa arvensis.*

Enfin pour terminer cette longue énumération, remarquons une plante de l'Amérique septentrionale que l'on cultive pour garnir les murailles et les tonnelles : c'est l'Aristoloche Siphon, aux grandes feuilles cordiformes et aux fleurs en forme de pipes.

———

4° *Ephémérides zoologiques.* — Oiseaux. Dès les premiers jours de juin, la main de l'herboriste rencontre quelquefois, au lieu de fleurs, un nid de mousse caché sous des feuilles, et sur le bord du nid un petit oiseau récemment sorti de l'œuf et déjà couvert d'un léger duvet ; la mère s'agite et crie dans le voisinage. Habituons-nous à respecter ces faibles et intéressantes créatures.

« Ce nourrisson prend des plumes ; sa mère lui apprend à se soulever sur sa couche, bientôt il va jusqu'à se pencher sur le bord de son berceau, d'où il jette un premier coup d'œil sur la nature. Effrayé et ravi, il se précipite parmi ses frères qui n'ont point encore vu ce spectacle ; mais rappelé par la voix de ses parents, il sort une seconde fois de sa couche, et ose déjà contempler le vaste ciel, la cîme ondoyante des Pins et les abîmes de verdure au-dessous du Chêne paternel. »   Chateaubriand.

Si dans le voisinage d'un champ d'Avoine ou de Luzerne vous entendez un petit cri assez aigre , *tri tri,* semblable à celui des sauterelles, et si un oiseau voltige avec détresse au-dessus de votre tête, regardez près de vous ; à quelques pieds de terre vous trouverez un nid, c'est celui d'un Bruant, ou peut-être d'un Rossignol.

Orthoptères. Ponte de la Courtillière. Les cultivateurs ne connaissent que trop cet insecte, dont la multiplication est quelquefois prodigieuse. Il est très-bien appelé Taupe-Grillon, parce que, à la manière des Taupes, il se creuse des galeries dans la terre.

Hyménoptères. Second essaim d'Abeilles ; la nouvelle reine est chassée par une troisième, qui vient aussi d'éclore, et dans sa fuite elle entraîne ses sujets futurs.

Névroptères. Sur les plantes aquatiques viennent d'éclore plusieurs Agriones au corps bleuâtre ou d'un vert bronzé, avec des ailes transparentes à reflet d'azur. — La Libellule à quatre taches, la plus belle espèce , avec l'abdomen d'un beau brun et les côtés d'un jaune vif.

Lépidoptères. Le Bombyx *Feuille morte* file sa coque sur le rameau d'un chêne ; il restera un mois en chrysalide. Sphinx du Liseron, S. de la Vigne, Zygène de la Filipendule , Callimorphe de la Jacobée. Sur les Orties et sur le Houblon se trouve une Chenille épineuse avec des aigrettes sur la tête ; elle va se mettre en chrysalide ; on l'appelle Robert le diable ; elle nous donnera au bout d'un mois la Vannesse Gamma.

XXXIX.

(Juin 8-14.)

1° *Ephémérides astronomiques.*

SOLEIL.			LUNE.		
JOURS.	Lever.	Coucher.	JOURS.	Lever.	Coucher.
8 sam.	4 h. 14 m.	8 h. 13 m.	6	11h 10m M.	0h 2m M.
9 dim.	4 14	8 14	7	0 20 S.	0 33
10 lun.	4 14	8 15	8	1 26	1 0
11 mar.	4 13	8 15	9	2 30	1 26
12 mer.	4 13	8 16	10	3 34	1 53
13 jeu.	4 13	8 17	11	4 37	2 21
14 ven.	4 13	8 17	12	5 38	2 41

Le 9, la durée du jour est de 16 heures juste ; le 14, elle est de 16 h. 4 m.

Phases lunaires : P. Q. le 9, à 7 h. 2 m. matin.

Deuxième octant, le 13.

Aspect du ciel à 9 heures du soir :

Le 8, le croissant étant à son 6ᵉ jour donnera déjà sa lueur d'une manière sensible et elle ira en augmentant tous les jours de la semaine, ce qui fera presque disparaître les étoiles.

« On nous donnerait l'histoire complète des étoiles du firmament et des planètes invisibles qui les environnent, nous y apercevrions une foule de plans inénarrables d'intelligence et de bonté, que notre cœur soupirerait encore : sa seule fin est la Divinité même. » B. DE SAINT-PIERRE.

2° *Ephémérides météorologiques.* — Un préjugé est assez répandu dans nos campagnes, et aussi, ce me semble, dans la ville, sur l'époque de Saint-Médard, 8 juin. S'il pleut ce jour-là, dit-on, la pluie continuera durant 40 jours. Ce proverbe météorologique n'a pas plus de valeur que plusieurs autres, mais il est fondé sur d'anciennes observations ; à ce titre il mérite qu'on y fasse attention, et, chose étonnante, j'ai entendu des Italiens m'assurer qu'à Rome même ce proverbe existait. Y a-t-il donc une loi atmosphérique à laquelle on puisse rapporter cette tradition, avec le chiffre si précis de quarante jours? Cette loi n'a pas encore été trouvée. Vérifions néanmoins une conjecture qui amènera peut-être plus tard une solution.

Cette conjecture la voici. Les périodes météorologiques, avec leurs variations accessoires; paraissent être de 40 jours ou de six semaines, et les points solaires principaux en sont comme le centre. Si donc la semaine du solstice, pour une raison quelconque encore à trouver, est dans une constitution pluvieuse, deux semaines auparavant, à la Saint-Médard , le temps pluvieux commencera. Mais quelle est la raison physique qui détermine les vents pluvieux à souffler plutôt que les autres ? Voilà le grand secret.

Observations faites à midi en 1848.

J.	BAR.	THER.	VENTS.	ÉTAT DU CIEL.
8	742,00	20,0	O. N. O.	Nuages, tonnerre à 3 h.
9	745,00	20,0	S. O.	Id. petite pluie.
10	743,00	24,0	S. fort.	Id. Id.
11	744,00	23,0	S. O.	Id. Id.
12	741,00	25,0	S. S. E.	Id. orage à 3 h. 1/2.
13	742,00	17,0	O. fort.	Pluie par intervalles.
14	750,00	21,0	S.	Assez beau.

3° *Ephémérides botaniques.* — Floraison de l'Oranger. Ce bel arbre, par sa verdure continuelle, par l'abondance et l'odeur suave de ses fleurs, est un des plus précieux ornements des jardins. J'ai vu l'époque où les allées de notre Esplanade étaient fières des caisses d'oranger qu'on y distribuait au mois de juin. Elles ont été vendues pour la somme de 3,000 francs ; je me souviens du jour lamentable où je fus témoin de leur embarquement sur la Moselle.

Floraison des Crucifères. Il y a des Crucifères précoces qui fleurissent au premier printemps ; nous les avons marquées aux mois de mai et d'avril ; il y en a qui sont tout à fait estivales ; nous les indiquerons au mois de juillet. Mais il en est plusieurs qui fleurissent aux approches du solstice : ce sont , d'abord, plusieurs Giroflées et le Pastel. La Giroflée annuelle, autrefois *Cheiranthus annuus* L., et vulgairement Quarantain à cause du mot latin mal prononcé *(Cheiranth-an)* a donné une vingtaine de variétés de toutes couleurs, mais De Candole l'a débaptisée en l'honneur d'un médecin italien nommé Mathioli ; on l'appelle maintenant *Mathiola annua.* La Giroflée Cocardeau, dont on aime encore à orner les fenêtres, a été appelée *Mathiola fenestralis* DC.

Le Pastel, *Isatis tinctoria* L., qui donne une belle couleur bleue et qu'on trouve sauvage dans plusieurs campagnes des bords de la Seille, où probablement il était cultivé autrefois, était l'objet d'un grand commerce avant la découverte de l'indigo.

On donne le nom de pastels à des crayons de diverses couleurs où l'*Isatis* n'entre pour rien, mais qui sont formés d'une pâte artificielle (autrefois *paste*), et qui remplacent le pinceau dans un genre spécial de peinture. La peinture au pastel a été cultivée à Metz avec beaucoup de distinction ; c'est une des spécialités de notre ville.

Autres Crucifères qui fleurissent au mois de juin :

Deux espèces de Cresson, le Cresson officinal, *Nasturtium officinale* Br., commun dans les ruisseaux, et le Cresson alénois, *Lepidium sativum* L. Ce dernier a des fleurs très-petites ; on n'attend même pas qu'il fleurisse ; il est cultivé pour ses feuilles que l'on mange en salade.

Trois espèces de Moutardes ou Sénevés: la Moutarde des champs, *Sinapis arvensis* L., la plus précoce, mauvaise herbe qui nuit aux cultures ; la Moutarde noire. *S. nigra* L., et la Moutarde blanche, *Sinapis alba*, Cette dernière attend quelquefois jusqu'au mois de juillet pour fleurir.

Deux espèces de Camelines : l'une sauvage, *Camelina sylvestris* D. C., l'autre que l'on cultive comme plante oléagineuse, *C. sativa* D C.

Deux espèces de Radis : le Radis sauvage, *Raphanus Raphanistrum* L., commun dans les champs, et le Radis cultivé, *R. sativus*. Les horticulteurs obtiennent ce dernier à différentes époques.

Floraison des Pélargoniums et spécialement du *Pelargonium zonale* W. C'est à dater du mois de juin que ces belles plantes, qui viennent du cap de Bonne-Espérance, font l'ornement de tous les jardins.

Floraison de quatre Papavéracées, dont deux à fleurs rouges : le Pavot de Tournefort, *Papaver orientale*, qui vient d'Arménie, et le Pavot des jardins, *P. somniferum*, qui vient aussi d'Orient, mais qui est depuis longtemps naturalisé ; deux à fleurs jaunes : le Pavot cornu, *Chelidonium glaucium* L., et une plante nouvelle de la Californie, nommée *Eschscholtzia*, en l'honneur d'un naturaliste russe.

Dans les jardins fleurissent deux œillets plus précoces que les autres : l'OEillet Mignardise, *Dianthus plumarius* L., et l'OEillet barbu, *D. barbatus* L., vulg. Bouquet tout fait.

Fleurissent aussi les Convolvulacées : le Lizeron des champs, *Convolvulus arvensis*, le Lizeron Belle-de-Jour, *C. tricolor*.

C'est surtout l'époque où commence le triomphe des Roses. Les horticulteurs sont d'accord avec les poëtes anciens et modernes pour saluer la Rose du nom de Reine des fleurs. C'est elle surtout qui a le privilége d'embellir les fêtes du monde et même celles de la religion. Aux processions de la Fête-Dieu, on aime à voir les roses effeuillées se mêler dans l'air à la fumée de l'encens.

Des moralistes ont dit que la Rose était bien le symbole du plaisir, non-seulement à cause de sa beauté et de son odeur suave, mais encore à cause de sa courte durée et des épines dont elle est toujours accompagnée; et si vous observez dans le fond de la corolle une cétoine verte, qui semble y dormir, c'est l'image du remords qui empoisonne parfois les plus douces jouissances. Cette réflexion est, je crois, de Bernardin de Saint-Pierre.

———

4° *Ephémérides zoologiques.* — La Cétoine, dont les élytres sont d'un beau vert d'émeraude, nous conduit aux autres Coléoptères qui paraissent maintenant sur les plantes ; plusieurs espèces de Cétoines et de Trichies, le Bupreste du Saule et celui de l'Eglantier, puis les Lucanes ou Cerfs-Volants qui, après avoir vécu plusieurs années dans le détritus d'un vieux tronc de chêne, en sortent à l'état d'insectes parfaits. C'est pour fournir à leurs larves cette espèce de litière semblable à de la sciure de bois que la nature les a munis de deux cornes.

— Hyménoptères. Sur les branches de plusieurs espèces de Rosiers, voilà des excroissances chevelues, qui ressemblent à de la mousse; on les nomme *Bédégars.* C'est la production récente d'un hyménoptère nommé *Cynips,* qui par une seule piqûre force le végétal à loger et à défendre sa postérité. L'histoire de la Rose n'a peut-être pas de plus curieux phénomène.

Les feuilles du chêne attaquées par une autre espèce de Cynips ont des excroissances globuleuses et rougeâtres; on les appelle Galles Si vous les percez maintenant, vous n'y trouverez plus l'œuf du Cynips, mais la larve qui en est sortie et qui depuis son éclosion y reçoit le logement et la nourriture. Si vous les ouvrez plus tard, vous n'y trouvez rien du tout ; l'insecte parfait a percé sa prison et s'est envolé. La Noix de Galle du commerce, qui sert à la composition de l'encre à écrire et de plusieurs teintures, vient d'une espèce de chêne de l'Asie mineure, attaquée par un Cynips particulier. Voilà pourquoi dans la Noix de Galle qu'on achète chez l'épicier on trouve quelquefois un insecte desséché.

— Hémiptères. Les Psylles percent de même les feuilles du Poirier, de l'Aune, du Frêne, etc. , et y produisent des Galles.

Sur les feuilles du Tilleul, on voit des Galles en forme de petites cornes : c'est le produit d'un Puceron nommé *Aphis Tiliœ*. Des verrucosités pareilles se remarquent aussi sur les feuilles de beaucoup de plantes ; il y a l'Aphis du Hêtre, du Chêne, de l'Aubépine, du Sureau, du Peuplier, etc.

XL.

(*Juin* 15-21.)

1° Ephémérides astronomiques.

	SOLEIL.			LUNE.		
JOURS.	Lever.	Coucher.	JOURS.	Lever.		Coucher.
15 sam.	3 h. 57 m.	8 h. 2 m.	13	6h 21m S.		3h 9m M.
16 dim.	3 57	8 2	14	7 15		3 46
17 lun.	3 57	8 2	15	8 5		4 27
18 mar.	3 57	8 3	16	8 50		5 14
19 mer.	3 57	8 3	17	9 30		6 6
20 jeu .	3 57	8 3	18	10 5		7 1
21 ven.	3 57	8 4	19	10 36		7 59

Le 21 juin, à 10 h. 29 m. du soir, entrée du soleil dans le signe du Cancer. — Solstice.

Le 15 juin, la durée du jour est de 16 h. 5 m., et le

moment du lever du soleil reste immuable toute la semaine ; seulement le coucher retarde encore de 2 min. jusqu'au 21, en sorte que, ce jour-là, il y aura 16 h. 7 m. depuis le lever jusqu'au coucher du soleil ; c'est le maximum de l'année.

P. L. le 17, à 5 h. 20 m. matin. — Apogée.

2. *Ephémérides météorologiques.*

Observations faites à Metz en 1848.

JOURS.	BAROM.	THERMOM.	VENTS.	ÉTAT DU CIEL.
15	»mm	27,5	E.	Beau
16	»	28,5	N. N. E.	Id., orage le s.
17	»	26,3	S.	Id.
18	»	25,2	S.	Id.
19	»	23,0	S.	Id. or. à 6 h. s.
20	»	21,7	S. O.	Id., grand vent.
21	»	20,0	O. S. O.	Grande pluie.

Pendant toute la semaine le baromètre s'est maintenu sans beaucoup de variation entre 744^{mm} et 748^{mm}.

Les orages ne sont pas toujours suivis d'un abaissement de la température, mais ils produisent ordinairement des effets sensibles, non-seulement sur les plantes, mais encore sur les hommes. Après une ondée orageuse, il y a un certain charme à respirer dans un jardin fleuri ; l'air est plus embaumé, les roses paraissent plus odorantes. Est-ce le rafraîchissement de l'atmosphère qui est plus favorable aux émanations des fleurs, ou bien serait-ce un effet de l'électricité de l'orage ?

Des physiciens ont prétendu que des fleurs électrisées exhalaient plus promptement leur odeur que celles qui ne l'étaient pas. Mais peut-être aussi nos organes ont reçu de ce rafraîchissement plus de sensibilité et une plus grande faculté d'absorption.

———

3. *Ephémérides botaniques*. — Pendant le mois de juin il y a un autre parfum qu'on respire aussi avec un certain plaisir, c'est celui des herbes fauchées ; le mois de juin est spécialement le mois de la fenaison. Il y a d'abord les plantes à fourrages de la famille des légumineuses, dont on a fait des prairies artificielles. On coupe la Luzerne, *Medicago sativa* L., avant même la floraison, puis les différentes espèces de Trèfles.

C'est au milieu de juin que la plupart des Graminées fleurissent ; profitons de l'époque pour faire connaissance avec les plus intéressantes. Sans parler des Céréales, qui appartiennent à la grande culture, cherchons le long des chemins, dans les prés ou dans les bois, et nous trouverons çà et là :

Les Agrostis, aux panicules étalées, *Ag. vulgaris, Ag. canina, Ag. Spica venti* L., etc.

Les Phléoles aux longs épis serrés, *Phleum pratense* L.

Les Houques au duvet cotonneux, *Holcus lanatus*, etc.

Les Fétuques aux grandes feuilles qui les feraient prendre pour des roseaux, *Festuca arundinacea, F. elatior* L.

Les Fausses-Avoines, *Avena pratensis, A. flavescens* L.

Les Paturins, *Poa nemoralis, P. trivialis, P. palustris* L.

Les Canches, *Aira cespitosa, A. caryophyllea* L.

L'Ivraie vivace ou Ray-Grass, *Lolium perenne* L. Cette espèce, qui rivalise avec le Ray-Grass d'Angleterre, est assez commune dans les prés.

Les Graminées céréales ont aussi des espèces qui croissent sauvages et qui sont communes. Tel est le Froment rampant, *Triticum repens*, surnommé Chiendent, dont la racine est employée en médecine, mais qui est très-importune aux cultivateurs, à cause de sa grande multiplication et de la difficulté qu'ils ont à l'extirper. Telle est encore l'Orge, surnommée queue de rat, *Hordeum murinum* L., extrêmement commune le long des murs, et reconnaissable à ses longues barbes.

Plusieurs Graminées sont cultivées comme plantes d'ornement : ce sont spécialement la Stipe plumeuse, *Stipa pennata* L., et le Phalaris roseau, *Ph. arundinacea*. L'épi de la première est surmonté, au mois de juin, par un prolongement plumeux qui flotte avec grâce. Le second donne une variété rubanée de blanc, de jaune et de vert ; elle sert à l'ornement des rochers factices.

Liliacées. Le *Lilium candidum*, qui a donné son nom à cette noble et nombreuse famille, est rarement en fleurs à Metz avant le solstice. Il faut se contenter jusqu'à cette époque des Lis à fleurs orangées ou safranées, de l'Hémérocalle jaune, dont la corolle ressemble à celle du Lis. — La Tubéreuse du Mexique, *Polianthes tuberosa* L., commence à déployer son épi de fleurs à odeur suave ; elle mériterait d'être plus répandue dans nos jardins. — Une espèce d'Ail à fleurs d'un jaune d'or, *Allium Moly*, est plus commune. — *Phalangium Liliastrum* L.; cette espèce de fleur, peu cultivée, quoique très-belle, est appelée Lis de saint Bruno, parce qu'elle est originaire du Dauphiné.

Verbénacées. La Verveine commune, *Verbena officinalis* L., si sacrée et si célèbre chez les Romains comme chez les Gaulois, si recherchée par les médecins du moyen âge, est dédaignée aujourd'hui ; on la laisse fleurir et se dessécher dans les décombres ; la pensée ne vient pas de la cueillir.

Mais, en revanche, les jardiniers cultivent avec une sorte de passion plusieurs espèces de Verveines venues d'Amérique. En vérité, je ne suis pas étonné de cet engouement, quand je vois ces plantes en corbeilles, avec leurs couleurs si variées, depuis le bleu clair jusqu'aux nuances du rouge, du violet, de l'amaranthe et de l'écarlate, et que j'examine de près la gorge étoilée de leur corolle.

Labiées. Cette famille, à laquelle appartenait autrefois la Verveine, donne, au milieu de juin, la floraison de plusieurs plantes aromatiques et d'ornement : la Lavande, *Lavandula Spica* L.; la Sauge, *Salvia officinalis* L.. et la Sauge à grandes fleurs bleues du Nepaul, *Salvia patens* Benth.; le Romarin, *Rosmarinus officinalis* L.; la Monarde à fleurs rouges, *Monarda didyma* L.; la Cataire ou Herbe aux chats, *Nepeta cataria* L. Cette dernière, qui n'est pas cultivée, est remarquable par l'effet que son odeur produit sur les chats ; il suffit d'en frotter le sol pour que ces animaux s'y roulent avec délices.

Ombellifères. Le Persil, *Apium petroselinum* L., originaire du Midi, cultivée dans les jardins potagers.

La petite Ciguë, *OEthusa cynapium*, plante vénéneuse, qui ressemble au Persil et qui est d'autant plus dangereuse qu'elle croît spontanément dans les jardins.

On la distingue du Persil en ce qu'elle est plus petite et que ses fleurs sont blanches, tandis que celles du Persil sont d'un vert jaunâtre.

La grande Ciguë, *Cicuta major* DC., encore plus malfaisante, est commune sur le chemin de Woippy. On la distingue à son odeur nauséabonde.

Si la saison est favorable, la Vigne aussi montre ses fleurs ; elles sont de peu d'apparence , mais elles réjouissent, et l'on fait des vœux pour que le mauvais temps ne leur nuise pas.

Légumineuses. La Gesse odorante ou Pois de senteur, *Lathyrus odoratus* L. — Le Sainfoin d'Espagne , *Hedysarum coronarium* L. — La Bugrane rampante , *Ononis repens* L. Cette espèce a d'assez belles fleurs rouges, mais elle n'est pas cultivée ; elle est très-commune dans les champs, et les laboureurs l'appellent *Arrête-bœuf*, à raison de ses longues et fortes racines qui arrêtent quelquefois la charrue.

— Commencement de la maturation pour les arbres fruitiers ; le Cerisier a donné le signal. Vers la mi-juin, et quelquefois plus tôt, le Cerisier ordinaire , *Cerasus juliana* DC., a des fruits mûrs. C'est la variété qu'on appelle Guigne noire hâtive qui paraît la première ; elle est encore rouge qu'on la voit déjà sur les marchés ; plus tard , elle deviendra d'un noir luisant.

———

4° *Ephémérides zoologiques.* — A la mi-juin, lorsque

leurs petits sont éclos, les Rossignols ne chantent plus ;
ils ne font entendre qu'une espèce de coassement, semblable à celui de la grenouille. C'est le soin de leur
jeune famille qui les occupe ; il faut, pour la nourrir,
aller à la chasse et leur apporter des larves ou des insectes, et il en est de même des autres petits oiseaux.
C'est l'époque où ils sont plus utiles aux horticulteurs,
en délivrant les vergers et les jardins de mille parasites
qui les dévasteraient : nouvelle considération qui con-
damne le maraudage dont j'ai déjà parlé, et qui devrait
protéger les nids de nos hôtes aériens. On prétend même
que les impertinents moineaux ne méritent pas les malé-
dictions dont on les poursuit, et que, si à l'époque des
moissons ils causent des dommages, le reste du temps
ils sont plus utiles que nuisibles, attendu qu'ils se
nourrissent d'insectes de toute espèce. Une déception
royale a fourni un jour un plaidoyer en leur faveur. Il
s'agit encore du grand Frédéric ; voici comme la chose
est racontée.

Dans le jardin de Potsdam il y avait des cerisiers
magnifiques. Un jour le roi vit une bande de moineaux
se jeter sur ses arbres favoris et en attaquer les fruits
les plus beaux. Aussitôt, plein de colère, il jura qu'il
punirait les délinquants, et porta un décret où il annonça
qu'une prime de six pfennings serait payée à quiconque
apporterait deux têtes de moineaux. Au bout de quelques années il ne restait plus un seul moineau dans
toute la Prusse.

Frédéric se frottait les mains du succès de son idée.
« Au moins, disait-il, je pourrai manger des cerises
en abondance et sans y remarquer des traces de coups

de bec. » Mais voilà qu'il s'aperçoit l'année suivante que ses cerisiers sont couverts de chenilles qui en dévorent les feuilles naissantes et les fleurs. En même temps des plaintes arrivent de tous les Etats prussiens : tous les arbres fruitiers sont infestés de chenilles et d'insectes, les récoltes même inspirent des inquiétudes.

Lorsque Frédéric entendit ces réclamations, il fit une semonce à son jardinier, qui lui avait conseillé, disait-il, la destruction des moineaux, et il publia un nouveau décret, par lequel il promettait de payer six pfennings pour chaque paire de moineaux qu'on importerait en Prusse.

XLI.

(*Juin* 22-30.)

1° *Ephémérides astronomiques.*

	SOLEIL.			LUNE.		
JOURS.	Lever.	Coucher.	JOURS.	Lever.		Coucher.
22 sam.	3 h. 57 m.	8 h. 6 m.	20	11h 5m S.		9h 0m M.
23 dim.	3 57	8 6	21	11 33		10 4
24 lun.	3 58	8 6	22	11 59		11 10
25 mar.	3 58	8 6	23	— —		0 18 S.
26 mer.	3 58	8 6	24	0 27 M.		1 28
27 jeu.	3 59	8 6	25	0 57		2 40
28 ven.	3 59	8 6	26	1 31		3 53
29 sam	4 0	8 6	27	2 10		5 7
30 dim.	4 0	8 6	28	2 56		6 18

Le 22, les jours sont de 16 heures 7 m., et à dater
de ce jour, ils iront en décroissant ; le 30, ils ne seront
plus que de 16 h. 4 m.

Ainsi cédant aux lois d'un double mouvement,
Et dans les cieux changeant de place,
Notre terre présente alternativement
Les deux pôles de sa surface
A ce soleil dont les brûlants rayons
Viennent mûrir nos fruits et dorer nos moissons.

Le baron CAUCHY.

Phases lunaires :

3ᵉ octant le 22. — D. Q. le 25 à 5 h. 38ᵐ mat.
4ᵉ octant du 28 au 29.

2. *Ephémérides météorologiques.*

Observations faites à **Metz** en **1848.**

J.	BAR.	THER.	VENTS.	ÉTAT DU CIEL.
22	»	27 0	S. O.	Pluie, orage le soir.
23	»	25,0	E.	Orage à 5 heures.
24	»	22,0	O. S. O.	Id. à 11 h.
25	»	21,0	O.	Vent fort.
26	»	21,0	O. N. O.	Nuageux.
27	»	21,0	O.	Id.
28	»	23,0	O.	Id. Vent fort.
29	»	21,0	O.	Id. Pluie le soir.
30	»	20,0	O.	Id. Id.

Le thermomètre nous donne ici le maximum de la journée ; c'est ordinairement vers 3 h. du soir.

Pendant tous ces jours, le baromètre s'est tenu constamment dans un milieu de 740 à 747.

Le 28 juin 1850, un orage désastreux fondit sur le canton de Verny et sur le village de Condé-Northen ; la grêle y fit beaucoup de dégâts, on y remarqua des grêlons de la grosseur d'une noix. Il n'y a guère d'années où la fin du mois de juin n'ait à enregistrer des orages plus ou moins violents. Le maximum de température ne commence qu'après le solstice et lorsque les jours commencent à décroître. Ainsi le maximum de la journée n'est pas à midi , lorsque le soleil est au plus haut de sa course, mais vers trois heures.

3° *Ephémérides botaniques*. — Le *Lilium candidum,* cette reine des plantes bulbeuses, doit être en fleurs au plus tard à la Saint-Jean.

Dans le même parterre, fleurit une belle Amaryllidée, aussi à fleurs blanches, mais rayées de rose foncé. Linné l'a nommée *Alstrœmeria pelegrina,* et comme elle vient du Pérou, les jardiniers l'appellent Lis des Incas.

Plusieurs plantes ont reçu vulgairement le nom de Saint-Jean-Baptiste, à cause de cette époque de leur floraison : la grande Persicaire du Levant , *Polygonum orientale* L., dont les fleurs rouges en épis pendants font l'ornement des massifs, sous le nom de Bâton de Saint-Jean, en même temps que son congénère, *Polygonum amphibium* L., flotte au bord des rivières et des étangs. Le Caille-lait jaune, *Galium verum* , est appelé Fleur de Saint-Jean ; il fleurit à la fin de juin , aussi bien que les autres espèces du même genre : *Galium palustre, G. sylvestre , G. Spurium, G. Aparine* L. Cette dernière est appelée vulgairement *Gratteron ,* parce qu'elle produit des fruits hérissés de poils durs, crochus au sommet.

L'Armoise, *Artemisia vulgaris,* est aussi appelée dans les anciens auteurs *Herbe de la Saint-Jean ;* cependant elle ne fleurit presque jamais avant le mois de juillet.

A la fin de juin, une plante mexicaine commence à rivaliser avec le rosier, c'est le Dahlia. Depuis son introduction en France vers 1800, les jardiniers n'ont cessé de le soigner à l'égal de la reine des fleurs, et ils ont su en obtenir une foule de variétés, avec toutes les nuances du rouge, du jaune et du blanc, les unes pures, les autres mélangées ou panachées ; elles feront l'ornement des parterres jusqu'aux premières gelées.

Floraison des Amaranthacées. La Queue de Renard, *Amaranthus caudatus* L., originaire des Indes, avait d'abord été cultivée comme plante d'ornement ; on aimait à voir ses longs épis pendants de fleurs cramoisies ; elle s'est échappée des jardins et s'est répandue de tous côtés. La Crète de Coq, *Celosia cristata* L., est remarquable par ses tiges aplaties et ses pétales contournées d'une manière bizarre, ce qui, joint à sa couleur rouge, lui a valu son nom vulgaire. Les jardiniers l'ont surnommée Passe-Velours.

Floraison d'une Cucurbitacée : la Bryone couleuvrée, *Bryonia dioïca* L., à fleurs d'un blanc verdâtre, est commune dans les haies. Les autres Cucurbitacées cultivées, Courge, Potiron, Melon, etc., fleurissent plus tard.

Rosacées. L'aigremoine, *Agrimonia eupatorium* L., à fleurs jaunes en épi grêle, le long des chemins. — *Potentilla reptans* L., également le long des chemins ; elle se distingue dans le gazon par une belle petite fleur jaune. — Plusieurs Ronces dans les haies et sur les coteaux : *Rubus saxatilis*, *Rubus fruticosus*, *R. vestitus*, etc. — Plusieurs Benoites, remarquables à leurs carpelles réunies en tête globuleuse, avec des arêtes crochues : *Geum urbanum*, *G. rivale* L. Plusieurs Spirées : *Spiræa ulmaria*, que ses grandes panicules de fleurs blanches

ont fait surnommer la *Reine des prés ; Spiræa filipendula*
L., ainsi nommée parce que ses racines fibreuses portent
de petits tubercules noirs, comme suspendus à des fils.

Légumineuses. Outre plusieurs espèces de Trèfles, de
Luzernes et autres plantes de fourrages, il y a plusieurs
légumineuses qui intéressent l'économie domestique et
qui fleurissent avant la fin de juin : les Haricots, *Pha-
seolus* D. C., dont plusieurs espèces sont cultivées dans
les jardins d'agrément, et les autres dans les potagers ;
les Pois, *Pisum arvense* et *Pisum sativum* L.; les Lentilles, *Ervum Lens* L., espèce bien connue ; mais ce qu'on
ne sait peut-être pas, c'est que ce précieux légume sert
quelquefois de succédané au Chocolat, comme la Chicorée au Café. Il n'y a pas longtemps, m'a-t-on dit, qu'un
fabricant de Paris, parcourant notre province, a dépouillé de lentilles tout un canton du voisinage. Au
moins, pour cette fois, la sophistication n'est pas malfaisante. La grosse Féve ou Féve de marais, *Faba vulgaris*, fleurit aussi, et il est facile de s'en apercevoir,
dans le voisinage, à ses émanations balsamiques. Un
proverbe singulier se rapporte à cette floraison :

> Cùm Faba florescit, stultorum copia crescit.

Si la chose est vraie, il faut l'attribuer, je pense, aux
chaleurs de la saison, plutôt qu'au parfum des fleurs.

Renonculacées. *Ranunculus Flammula, R. sceleratus,
R. fluitans, Aconitum lycoctonum*, très-vénéneuse aussi
bien que l'Aconit Napel, dont les grandes fleurs bleues
en casque font néanmoins l'ornement des jardins. — La
Nigelle de Damas, l'Adonis estival et le Pied d'Alouette,
Delphinium Ajacis L., sont aussi des plantes d'ornement
du solstice.

Composées. Les Coréopsis de l'Amérique dans les jardins.

Ombellifères. L'*Astrantia major*, à collerettes blanches, dans les jardins.

Onagraires. *Clarkia elegans*, aussi dans les jardins. L'Onagre bisannuelle croît spontanément.

Nymphéacées. Le Nénuphar blanc et le N. jaune, dont les feuilles larges, cordiformes, flottent sur les eaux tranquilles. Le Nénufar bleu est d'Egypte.

Le Peuplier monilifère, qu'on appelle à Metz Peuplier de Virginie, a ses capsules remplies d'un duvet fin et soyeux si abondant qu'on a essayé d'en faire de la toile ou du papier. On n'y a guère réussi. Cette espèce de coton sert aux oiseaux pour l'intérieur de leurs nids.

Le Tilleul à grandes feuilles, arbre d'ornement qu'on trouve quelquefois sauvage dans les bois, montre maintenant ses fleurs jaunâtres en grappes, avec une bractée foliacée qui les accompagne. On les cueille pour les donner en infusion théiforme.

— Quoique la plupart des Champignons paraissent à l'automne, il y en a néanmoins plusieurs espèces qui appartiennent à la belle saison, et qui sont même cultivées. Tel est l'Agaric comestible, qu'on trouve sur les pelouses exposées au soleil et qu'on cultive dans les jardins ; on le nomme alors Champignon de couche. Tel est encore l'Agaric Mousseron, également comestible, et qu'on trouve dans les bois humides. L'Agaric meurtrier, *Ag. necator* Fr., avec un chapeau de couleur rousse à zones concentriques, se rencontre aussi dans les bois. Son épithète annonce qu'il faut s'en défier.

4. *Ephémérides zoologiques.* — Les Cantharides au corps allongé, d'un vert doré, ne paraissent guère avant le solstice. Dans certains pays on les appelle *Mouches de la Saint-Jean.* C'est sur les Frênes qu'elles s'arrètent, et quelquefois en si grand nombre que l'arbre est tout dépouillé de ses feuilles. A défaut de Frênes, elles s'attaquent aux plantes de la même famille, Troène, Lilas, Jasmin.

Sur le tronc des Chênes, cherchez les Capricornes ; ils s'arrêtent aux plaies des arbres pour en sucer la séve. C'est surtout le grand Capricorne noir, *Cerambix heros* L.: il a près de 5 centimètres de long. Le Capricorne musqué, *C. moschatus* L., se trouve sur les vieux saules ; on s'aperçoit de sa présence à son odeur pénétrante. Comme il est d'un beau vert métallique, on lui a donné un autre nom qui, en grec, signifie belle nuance, et on l'appelle Callichrome. D'autres longicornes, les Saperdes, se tiennent sur le tronc des peupliers.

Une espèce de Lampyre, appelée *Ver luisant*, est aussi appelée, dans quelques endroits, *Mouche de Saint-Jean* ; la femelle, qui n'a point d'ailes, se traîne dans les haies, et y brille pendant les nuits chaudes de l'été.

Le long des tiges et des feuilles du lis, voilà de petits tas de matière verdàtre et visqueuse, résidu des excréments d'une larve : au bout de quelques jours, elle sortira de ces ordures pour s'enfoncer dans la terre et y achever sa métamorphose ; plus tard en sortira le joli coléoptère aux élytres écarlates, qu'on nomme le Criocère du lis.

Voyez aussi, sur les feuilles de divers arbrisseaux de

petites masses d'une liqueur écumeuse qu'on prendrait pour de la salive. Le peuple, qui n'en connaît pas l'origine, les appelle *Crachats de Coucou.* Ce sont les larves d'un hémiptère nommé Cercope, qui se couvrent de cette écume pour se soustraire aux regards de leurs ennemis.

Autour du tronc de l'Orme voltige, matin et soir, un papillon grisâtre, nommé Cossus ronge-bois, *Cossus ligniperda* L. A la fin de juin, il pond ses œufs au pied de l'arbre, et les larves qui en sortent pénètrent dans le bois et s'y creusent des galeries tortueuses; ces larves sont rouges avec la tête noire, et faciles à reconnaître, mais il n'est pas facile de les extirper. Elles font quelquefois beaucoup de mal aux plantations.

XLII.

(*Juillet* 1-7.)

Juillet, le septième mois de l'année, de 31 jours, est ainsi nommé du latin *Julius* , et c'est Marc-Antoine qui lui a donné ce nom en l'honneur de Jules César , né le 4 de ce mois.

1° *Ephémérides astronomiques.*

SOLEIL.			LUNE.		
JOURS.	Lever.	Coucher.	JOURS.	Lever.	Coucher.
1 lun.	4 h. 1 m.	8 h. 6 m.	29	3ʰ 50ᵐ M.	7ʰ 23ᵐ S.
2 mar.	4 2	8 5	1	4 53	8 19
3 mer.	4 2	8 5	2	6 4	9 6
4 jeu .	4 3	8 5	3	7 19	9 45
5 ven.	4 4	8 4	4	8 34	10 19
6 sam.	4 4	8 3	5	9 48	10 49
7 dim.	4 5	8 3	6	10 59	11 17

Le 1ᵉʳ juillet, les jours sont de 16 h. 5 m.; le 7, ils ne sont plus que de 16 h. moins 2 m.

Phases lunaires :

Nouv. L. le 1ᵉʳ, à 10 h. moins 1 m. du soir. — Premier octant le 5. — Le 1ᵉʳ, périgée.

Aspect du ciel à 9 heures du soir. Comme cette semaine la lune ne donne pas sa lumière, elle nous permet d'examiner les étoiles. La Grande-Ourse est vers le zénith et nous dirige sur Arcturus. Une ligne tirée d'Arcturus vers l'ouest y tombe près de l'horizon sur une étoile de première grandeur, c'est *Regulus* ou le Cœur du Lion. Vers le midi, à égale distance est *Antarès* ou le Cœur du Scorpion. Tout à fait au zénith est la Lyre ; Castor et Pollux est au nord-ouest et tout près de l'horizon.

L'est paraît désert ; les plus belles constellations ne s'y montrent pas ; Orion, Sirius, Procyon, Aldébaran ne s'élèvent au-dessus de l'horizon que pendant le jour. Mais si les soirées de l'été n'ont pas d'aussi belles étoiles à nous montrer que l'hiver, la douceur de la température y fait trouver plus de plaisir. L'auteur du *Voyage autour de ma chambre* a fait la réflexion suivante :

« C'est un charme pour moi de contempler le ciel étoilé, et je n'ai pas à me reprocher d'avoir fait un seul voyage, ni même une simple promenade nocturne, sans payer le tribut d'admiration que je dois aux merveilles du firmament... Chaque étoile verse avec sa lumière un rayon d'espérance dans mon cœur. Eh quoi ! ces merveilles n'auraient-elles d'autres rapports avec moi que celui de briller à mes yeux ? »

2° *Ephémérides météorologiques.* — Nous sommes décidément entrés dans la période d'été, et après avoir eu trop souvent depuis l'équinoxe des vents froids et pluvieux, nous allons peut-être avoir à nous plaindre d'une chaleur étouffante : c'est de règle. Pendant le jour, on cherche l'ombre des arbres ; il n'y a de vraie jouissance que pendant les heures du crépuscule et plus encore pendant celles qui précèdent le lever du soleil. L'air que l'on respire alors est plus pur, et c'est par un effet de la fraîcheur des nuits que les chaudes vapeurs de l'atmosphère se trouvent transformées, le matin, en petites perles pour la parure et le rafraîchissement des plantes.

Observations faites à Metz en 1848, à trois heures.

JOURS.	BAROM.	THERMOM.	VENTS.	ÉTAT DU CIEL.
1	735mm	15,0	O.	Pluie.
2	745	17,5	O. N. O.	Nuageux.
3	747	15,5	S.	Id.
4	748	22,0	O.	Id.
5	751	24,0	N. N. E.	Id.
6	750	26,0	E. N. E.	Beau
7	747	30,5	S.	Id.

3° *Ephémérides botaniques.* — Au commencement de juillet, les fleurs les plus remarquables sont les Liliacées. Outre le *Lilium candidum*, qui est en pleine floraison, il y a plusieurs espèces singulières qui commencent à fleurir ; ce sont les Lis dont les fleurs sont renversées et pendantes : le Lis Martagon, à fleurs safranées, le Lis Pompone, surnommé le Turban, à cause des divisions de sa corolle qui sont enroulées et d'un

rouge ponceau : c'est encore le Lis du Kamtschatka,
d'un beau jaune, et le Lis tigré de la Chine, d'un rouge
orangé et piqueté de noir. Ces quatre espèces, cultivées
dans les jardins d'agrément, présentent un phénomène
curieux de physiologie végétale. Tandis que l'espèce
ordinaire, à fleurs dressées, a ses jaunes étamines plus
hautes que le stigmate, les espèces à fleurs renversées
ont, au contraire, des étamines à filets courts, afin que
le stigmate, se trouvant plus bas, puisse recevoir la
poussière pollinique.

Autres Liliacées qui fleurissent : *Hemerocallis fulva*
L., de la Provence, cultivée dans tous les jardins. Cette
fleur, d'un rouge de brique, ressemble au Lis blanc
pour la forme. Le nom qu'on lui a donné signifie en
grec *beauté d'un jour* et indique la courte durée de son
existence. Deux autres Hemerocalles du Japon, l'une à
fleurs blanches et l'autre à fleurs bleues, se font distinguer par leurs feuilles qui, au lieu d'être étroites et
longues, sont plissées et cordiformes. Voyez une
Liliacée voisine des Hémérocalles, l'Agapanthe om-
bellifère, *Crinum africanum* L., à feuilles rubanées
avec une ombelle de 40 fleurs bleues. Cherchez aussi
une Liliacée dont la floraison est rare mais magnifique.
On l'appelle *Yucca gloriosa* L., et vient de l'Amérique
septentrionale. Elle est facile à distinguer à ses feuilles
raides et piquantes, du sein desquelles s'élance, au
mois de juillet, une tige qui porte en forme de pyra-
mide plus de 150 fleurs pendantes, semblables à de
petites tulipes.

Enfin, joignez à ces liliacées l'*Ornithogalum pyra-
midale* L., que les jardiniers ont surnommé l'Epi de la

Vierge parce qu'il a un bel épi de fleurs blanches le 2 juillet, fête de la Visitation de Notre-Dame. Un Ornithogale plus précoce, *Orn. umbellatum* L., a été surnommé Dame d'onze heures parce que ses petites fleurs en ombelles s'ouvrent tous les jours vers 11 heures, quand le soleil brille.

Solanées. Cette famille importante a plusieurs floraisons au commencement de juillet. La première qui mérite d'être signalée, celle de la pomme de terre, *Solanum tuberosum* L., don précieux que nous a fait l'Amérique, et dont les petites fleurs, blanches ou violettes, ne commencent à s'épanouir que quand les froids ne sont plus à craindre. La seconde, c'est celle de la Nicotiane, *Nicotiana rustica* L., qui nous vient aussi d'Amérique et qui acquiert tous les jours plus d'importance dans notre département. Elle appartient désormais à la grande culture et l'on sait assez que c'est avec ses feuilles que se fabrique le tabac du commerce.

Autres Solanées qui fleurissent. La Morelle noire *Solanum nigrum* L., commune le long des murs ; la Morelle aubergine *Sol. melongena* L., plante alimentaire dans le Midi, cultivée seulement par curiosité dans nos jardins. Le fruit d'une de ses variétés a tout à fait la forme d'un œuf de poule ; aussi les jardiniers l'appellent-ils *Poule qui pond*. Le Piment, *Capsicum annuum* L., que nous appelons Poivre d'Espagne, fleurit aussi. La Pomme épineuse, *Datura stramonium* L., a plusieurs congénères à longs tubes qui se font remarquer dans les jardins d'agrément.

Une Saxifragée, *Hydrangea Hortensia* DC., sera pendant plusieurs mois l'ornement des parterres. Cette plante est si en honneur en Chine et au Japon que c'est elle qu'on voit fréquemment représentée sur les porcelaines et les tableaux qui nous viennent de ce pays-là. Chez nous aussi elle est très-aimée; il n'y a guère de jardins qui n'en ait quelques pieds. Une particularité qui lui appartient, c'est la teinte bleue que prennent ses fleurs, par l'effet, dit-on, d'un arrosement d'eau ferrugineuse.

Le petit Liseron s'entortille autour des blés et des tiges herbacées, et le grand Liseron, *Convolvulus sepium* L., décore sans culture les haies des jardins ; mais ses fleurs blanches sont trop communes ; les jardiniers leur préfèrent le Quamoclit cardinal, *Ipomœa Quamoclit* L , et l'Ipomée pourpre ou *Volubilis*.

4° *Ephémérides zoologiques*. — Les Féves de marais sont sujettes à une maladie qui leur est commune avec plusieurs plantes, et qu'on nomme le *Miellat*. Une matière visqueuse et sucrée couvre d'abord la sommité de la plante. Ce sont des Pucerons noirâtres qui ont secrété cette liqueur en forme de gouttelettes par les deux cornes qu'ils ont à l'extrémité de l'abdomen , et bientôt toute la plante est couverte de ces vilains hémiptères ; le seul moyen de la préserver d'une ruine totale, c'est de prévenir l'invasion, en coupant la sommité dès qu'on s'aperçoit que l'enduit mielleux commence à s'y former.

Mais avez-vous remarqué par hasard les Pucerons verdâtres dont quelquefois les Rosiers sont couverts ? Curiosité digne d'attention, ces Pucerons immobiles sont visités par les Fourmis. Personne n'ignore que s'il y a quelque part des matières sucrées, les Fourmis, qui en sont friandes, savent les trouver et qu'elles y viennent à la file. C'est ce qu'elles font à l'égard des Pucerons. Examinez leurs mouvements ; elles semblent sucer les gouttelettes qui s'échappent des deux cornes et les Pucerons n'ont pas l'air de s'en inquiéter. Ainsi les vaches se laissent traire par les valets de ferme. Mais voici un autre fait encore plus curieux. Les Fourmis, qui ont l'instinct d'emmagasiner dans leurs villes souterraines les provisions qui peuvent leur servir, ont imaginé d'y transporter aussi des Pucerons pour jouir à leur aise de précieuse liqueur qu'ils laissent échapper. Ce sont des espèces d'étables qu'elles construisent avec art comme le reste des galeries. On admirait leur système d'économie sociale : voilà un point d'économie domestique bien constaté, qu'il a fallu ajouter à leur histoire. On assure même qu'elles ont l'instinct de nourrir leurs Pucerons et qu'elles leur donnent la becquée comme à leurs propres larves.

XLIII.

(Juillet 8-14.)

1° *Ephémérides astronomiques.*

	SOLEIL.			LUNE.		
JOURS.	Lever.	Coucher.	JOURS.	Lever.	Coucher.
8 lun.	4 h. 6 m.	8 h. 3 m.	7	0^h 6^m S.	11^h 44^m S.
9 mar.	4 7	8 2	8	1 11	— —
10 mer.	4 8	8 2	9	2 14	0 11 M.
11 jeu.	4 9	8 1	10	3 15	0 40
12 ven.	4 10	8 0	11	4 14	1 12
13 sam.	4 10	8 0	12	5 10	1 47
14 dim.	4 11	7 59	13	6 1	2 27

Phases lunaires :

P. Q. le 8, à 5 h. 42 m. soir.

Deuxième octant, du 11 au 12.

Aspect des planètes :

Le coucher de Vénus est entre 6 et 7 h. du soir ; on ne pourra la voir que le matin une heure ou deux avant le lever du soleil.

Mars se lèvera vers 9 h. du matin, passera au méridien entre 3 et 4 h. du soir, et se couchera vers 10 ou 11 heures.

A l'orient, on pourra voir le lever de Jupiter, après 9 h. du soir.

2. *Ephémérides météorologiques.* — A mesure qu'on approche du milieu de juillet, le thermomètre se maintient assez constamment à une grande élévation ; c'est aussi l'époque de quelques violents orages.

Le 13 juillet 1788 eut lieu, dans la matinée, l'orage le plus fameux qu'aient enregistré les annales de la météorologie. Parti du Midi avec une vitesse de 16 lieues à l'heure, il parcourut toute la France et alla s'éteindre en Hollande. Il formait une bande pluvieuse de 10 lieues de large, et dont les deux bords étaient accompagnés d'une grêle violente : le nombre des communes qui en furent dévastées s'éleva jusqu'à mille trente-neuf.

Observations faites à Metz en 1848, à trois heures.

J.	BAR.	THER.	VENTS.	ÉTAT DU CIEL.
8	750	22,0	O.	Nuageux.
9	748	22,0	S. O.	Couvert.
10	745	21,5	N. O.	Pluie.
11	752	20,5	N.	Grand vent.
12	753	23,0	N. E.	Vent
13	751	24,5	N. E.	Nuageux.
14	749	26,0	N.	Beau.

3. *Ephémérides botaniques.* — Floraisons de cette semaine :

Dipsacées. Le Cardère, ou Chardon à bonnetier, *Dipsacus fullonum* L., à fleurs purpurines, cultivé en grand à l'usage des fabriques de draperies, pour peigner les étoffes, ce à quoi servent très-bien les écailles crochues du réceptacle. On en voit beaucoup dans la plaine de Devant-les-Ponts.

— La Scabieuse des jardins, *Scabiosa atropurpura*, appelée Fleur de Veuve, parce que ses capitules solitaires sont d'un pourpre foncé et semblent être un ornement de deuil.

— La Grenadille, *Passiflora cærulea*, commence à développer jour par jour ses belles corolles bleues.

Les Grenadilles ont été ainsi nommées, parce que leurs fruits ont quelque ressemblance avec celui de la Grenade. On les a aussi appelées anciennement Fleurs de la Passion, parce qu'on avait cru reconnaître dans le *Passiflora incarnata*, la première qui ait été vue en Europe, quelque analogie avec les instruments de la passion : ainsi, par exemple, les feuilles qui sont terminées par trois pointes, représentaient la lance ; les vrilles, le fouet ; les trois styles, les clous, et les filaments du calice tachetés de rouge et disposés circulairement étaient l'emblême de la couronne d'épines.   DES FONTAINES.

Cette pieuse imagination, sanctionnée par Linné, dans le nom de *Passiflora*, parait déplaire à quelques naturalistes ; on ne sait pourquoi. Ils sont plus indulgents pour le *Barba Jovis* et le *Pecten Veneris*.

Ombellifères. Le Fenouil, *Anethum fœniculum* L. ; l'Ache odorante, *Apium graveolens* L. Cette plante, qui croît sauvage dans le Midi, est cultivée dans notre département sous le nom de Céleri ; le Panais, *Pasti-*

69

naca sativa L., cultivé pour sa racine ; la Coriandre, *Coriandrum sativum* L., cultivée pour sa graine aromatique ; son nom vient du mot *Coris*, qui, en grec, signifie punaise, parce qu'en effet les feuilles de cette plante, quand elles sont encore vertes, ont une forte odeur de punaise ; le Panicaut, *Eryngium campestre* L., commun au Sablon et dans les lieux incultes ; il est connu sous le nom vulgaire de *Chardon Roland ;* l'OEnanthe *Phellandrium* Lam. Cette plante, qui croît dans les fossés et les marais, passe pour vénéneuse ; on l'appelle *Cigüe aquatique.*

Joignez à ces floraisons celles des Phlox d'été, des Balsamines, des Capucines, des Dauphinelles , *Pied d'Alouette,* et des Dictames blancs, *Fraxinelles.* Cette dernière plante, quand elle est en pleine floraison, exhale dans les temps chauds et secs, une huile volatile. qu'on peut enflammer à l'aide d'une bougie.

Fructification :

Les fleurs sont une brillante parure de la terre, mais tous les phénomènes de la végétation doivent aboutir au fruit, et c'est vers le milieu de juillet que la nature commence à nous payer son tribut annuel. Une des premières récoltes qui se présentent aux soins des agriculteurs, c'est celle des plantes oléagineuses, et d'abord du Colza, variété *oleifera* du *Brassica campestris.*

On coupe le Colza aussitôt qu'il est assez mûr, ce qui se reconnaît à sa couleur jaunâtre et à la teinte brune de ses graines , quand une partie des siliques commence à jaunir et que l'autre est encore verte. L'huile qu'on retire des graines du Colza est l'objet d'un commerce important.

La Navette, variété oléifère du Navet, *Brassica napus*, plus précoce que le Colza, mais d'une importance moindre dans le pays Messin.

La Cameline, *Myagrum sativum* L., autre crucifère cultivée aussi pour ses graines ; on en retire une huile fine employée dans la peinture et pour la fabrique du savon. Cette plante a l'avantage de n'être pas exposée, comme les deux autres, aux ravages des Altises et des Pucerons.

Deux autres crucifères fournissent aussi leurs graines à l'économie domestique , la Moutarde noire, *Sinapis nigra* L., et la Moutarde blanche , *S. alba* L. La première croît spontanément de tous côtés ; c'est avec ses graines qu'on fabrique cet assaisonnement vulgaire qui porte son nom. La préparation de la Moutarde de table consiste à réduire en poudre les graines du *Sinapis nigra*, puis à les mettre fermenter dans du vinaigre ou du vin blanc ; on y ajoute quelquefois d'autres ingrédients, et c'est ce qu'on appelle à Metz *Moutarde de Dijon*. La Moutarde blanche, qui ne croît pas spontanément dans nos environs, est un peu cultivée pour les usages domestiques et pour ses propriétés médicinales. Mais c'est toujours avec la Moutarde noire qu'on prépare les sinapismes. Les anciens préparaient la Moutarde en faisant infuser les graines dans du moût de raisin, d'où est venu, dit-on, le mot Moût-ardent.

---

4. *Ephémérides zoologiques.* — Les chaudes soirées de l'été ne sont pas silencieuses. Mais parfois au lieu du Rossignol, c'est la Grenouille verte, *Rana esculenta* L.,

qu'on entend dans le voisinage des eaux dormantes, où elle est commune. Ses coassements se combinent avec ceux du hideux Crapaud. Il y a une espèce de Grenouille qu'on appelle *Rainette* et qui est d'un beau vert. Elle coasse ordinairement à l'approche de la pluie ; ce qui a donné l'idée de s'en servir en guise de baromètre. On la met dans un bocal plein d'eau, et on observe en effet qu'elle s'élève quand il fait beau temps, et qu'elle descend quand il doit pleuvoir.

Autre concert de nos campagnes. Pendant que la Cigale chanteuse réjouit les bocages du Midi, nous n'avons pour la remplacer dans nos champs desséchés que le cri-cri du Grillon ou les stridulations des Criquets et des Sauterelles. Les Criquets de notre pays sont les congénères de ces troupes innombrables qui sont quelquefois un fléau pour les provinces de l'Orient et qui, dernièrement encore, ont causé beaucoup de ravages en Algérie.

Il faut avouer que les joyeux concerts de nos criquets n'ont rien d'agréable pour les oreilles. Que si du plaisir de la musique vous voulez passer à celui de la danse, considérez les Cousins et les Tipules qui viennent d'éclore au bord des eaux. Ce sont eux qui, vers le soir, se réunissent par milliers pour former ces quadrilles curieuses qui s'élèvent en colonnes, et qu'on regarde justement comme des indices d'un temps serein.

Je me suis arrêté quelquefois avec plaisir à voir des moucherons, après la pluie, danser en rond des espèces de ballets. Ils se divisent en quadrilles, qui s'élèvent, s'abaissent, circulent et s'entrelacent sans se confondre...

Une vapeur qui sort de la terre est le foyer ordinaire de leur plaisir ; mais souvent une sombre Hirondelle traverse tout à coup leur troupe légère , et avale à la fois des groupes entiers de danseurs. Cependant leur fête n'en est pas interrompue. Les Coryphées distribuent les postes à ceux qui restent, et tous continuent à danser et à chanter.

Leur vie, après tout, est une image de la nôtre. Les hommes se bercent de vaines illusions autour de quelques vapeurs qui s'élèvent de la terre, tandis que la mort, comme un oiseau de proie, passe au milieu d'eux, les engloutit tour à tour, sans interrompre la foule qui cherche le plaisir.

B. DE SAINT-PIERRE.

XLIV.

(Juillet 15-21.)

1° *Ephémérides astronomiques.*

	SOLEIL.			LUNE.	
JOURS.	Lever.	Coucher.	JOURS.	Lever.	Coucher.
15 lun.	4 h. 13 m.	7 h. 58 m.	14	6^h 48^m S.	3^h 11^m M.
16 mar.	4 14	7 57	15	7 30	4 1
17 mer.	4 15	7 56	16	8 8	4 56
18 jeu.	4 16	7 55	17	8 42	5 54
19 ven.	4 17	7 54	18	9 12	6 55
20 sam.	4 18	7 53	19	9 39	7 58
21 dim.	4 19	7 52	20	10 5	9 2

Le 15 juillet, les jours seront de 15 h. 45 m., et le 21, ils ne seront plus que de 15 h. 33 m.

Phases lunaires :

P. L. le 16, a 8 h 6 m. du soir ; 3ᵉ octant, du 19 au 20.

La lune est dans son apogée depuis le 14.

———

2. *Ephémérides météorologiques.* — D'après une moyenne calculée sur un bon nombre d'années, le *maximum* de chaleur est ordinairement le 15 juillet à Paris. M. le docteur Grellois, d'après un calcul analogue pour notre pays, marque le maximum plus tard.

Observations faites à Metz, en 1848.

J.	BAR. à midi.	THERM. à midi, à 3 h.		VENTS à midi.	ÉTAT DU CIEL.
15	750	23	25	N. E.	Petite pluie.
16	751	22	25	N.	Beau, nuageux.
17	750	18	19	N. O.	Beau.
18	747	20	22	N. N. O.	Id.
19	744	25	28	S. O.	Id.
20	740	23	26	O.S.O. fort.	Pluie le soir.
21	745	22	24	Id.	Nuageux.

Remarquez que le 19, sans doute par l'influence du 3ᵉ octant, il y eut une grande baisse du baromètre, grande hausse du thermomètre, et que le vent tourna tout à coup au sud-ouest. En sera-t-il de même cette année? Ce sera le sujet de nos observations le jeudi et les jours suivants. Une double chance de beau temps pour la première moitié de la semaine, c'est la coïncidence de la pleine lune avec l'apogée.

———

3. *Ephémérides botaniques.* — Floraison des plantes aquatiques.

Il y a des plantes aquatiques de diverses familles qui fleurissent au printemps comme en été, et il est remarquable que, dans plusieurs familles tout à fait terrestres, on trouve quelques espèces aquatiques. Ainsi, par exemple, les Crucifères ont le Cresson de fontaine, les Renonculacées, le *Ranunculus fluitans* Lam.; les Ombellifères, le *Phellandrium aquaticum* L., etc. Mais il y a plusieurs familles tout aquatiques, dont la floraison a lieu plus spécialement vers la mi-juillet.

Les Typhacées, *Typha latifolia*, Massette ou Roseau à quenouille, dont les feuilles servent à faire des nattes et dont les petites masses brunes sont formées d'un duvet blanc et soyeux qui remplace la ouate pour les coussins et les oreillers. C'est cette espèce de roseau, dit-on, que les soldats romains mirent entre les mains du Sauveur en guise de sceptre.

Sparganium ramosum Huds., Ruban d'eau, commun dans les fossés et les ruisseaux; ses longues feuilles sont employées par les jardiniers et les tonneliers.

Les Lemnacées. *Lemna minor* L., Lentille d'eau, très-commune à la surface des eaux tranquilles. Il n'est personne qui n'ait remarqué ces accumulations de petites feuilles, semblables à des lentilles vertes, qui semblent n'avoir point de tiges.

Potamogeton fluitans Roth., *Pot. natans* L., etc., espèces communes dans les rivières. Les Potamots sont des plantes entièrement submergées; elles ont cela de curieux que leurs épis de fleurs verdâtres s'élèvent au-dessus de la surface de l'eau pendant la floraison, après quoi ils rentrent dans l'eau pour mûrir leurs fruits.

Plusieurs Cypéracées. Le Scirpe des étangs, *Scirpus*

lacustris L., très-commun dans la Seille ; on recueille ses tiges pour en faire des paillassons et recouvrir les chaises communes. — Le Scirpe maritime, *S. mariti-mus* L., se trouve le long de la Moselle, au-dessous de Montigny. — Le Souchet jaunâtre, *Cyperus flavescens* L., et le Souchet brun, *C. fuscus*, se trouvent dans les champs humides au-dessus de Woippy et le long de la Seille.

Floraison des Ansérines ou Plantes des oies.

Le nom que Linné leur a donné, *Chenopodium*, si-gnifie en grec *patte d'oie* et veut marquer la forme ordinaire de leurs feuilles ; leurs fleurs sont verdâtres et sans apparence. Ce sont des plantes très-communes le long des chemins et dans les endroits cultivés. Les plus ordinaires sont : l'Ansérine fétide, *Chenopodium vulva-ria ;* elle est remarquable par la poussière farineuse qui couvre ses feuilles et par l'odeur de poisson pourri qu'elle exhale quand on la froisse entre les doigts.

L'Ansérine sagittée, *Ch. Bonus Henricus* L., dont les feuilles sont aussi un peu farineuses et triangulaires; les anciens botanistes l'appelaient *tota bona*, à cause de ses propriétés médicinales et parce que souvent on la mange en guise d'épinards.

D'autres espèces, *Ch. murale, Ch. glaucium, Ch. album*, etc., se trouvent dans les mêmes lieux, et se font distinguer à la forme rhomboïdale des feuilles et à la couleur des fleurs qui est ordinairement d'un vert blanchâtre.

Floraison des Polygonées ; les principales sont :

Le Rumex patience, *R. patientia* L., cultivé dans quelques jardins pour ses racines et pour ses feuilles.

Le Rumex maritime, *R. maritimus* L., à feuilles linéaires, à fleurs très-petites et jaunâtres, sur les bords de la Moselle et de la Seille.

La Renouée persicaire, *Polygonum persicaria* L., dont les épis de fleurs rouges rappellent la *Queue de Renard*, commune dans les champs humides.

Le Poivre d'eau, *Pol. hydropiper* L., à épis de fleurs rougeâtres, dont la saveur âcre explique le nom qu'on lui a donné; commun dans les fossés humides.

La Renouée centinode , *Pol. aviculare* L., connue vulgairement sous le nom de *Traînasse;* le long des chemins. Quand cette plante se trouve quelque part, il semble qu'elle exclue toutes les autres.

La Renouée ou Persicaire des Indes, *Pol. orientale* L., est une plante d'ornement cultivée dans beaucoup de jardins.

Fructification :

Une récolte importante, qui se fait au milieu de juillet, c'est celle du seigle, *Secale cereale* L. La farine de Seigle est moins blanche que celle du Froment ; mais, mélangée avec celle-ci, elle donne un pain de bonne qualité. Les grains de Seigle servent aussi à faire du gruau et à fabriquer de l'eau-de-vie de grains. De plus, la paille de Seigle est employée comme litière ; elle sert à faire des liens, des paillassons, des chaises et même des chapeaux.

Le Seigle est sujet à une maladie, qui paraît être l'effet d'un Champignon. On l'appelle Ergot, *Sclerotium clavus* DC., parce qu'elle se montre sous une forme qui ressemble à l'ergot d'un Coq. Le Seigle ergoté donne au pain une couleur violette et cause des accidents graves à ceux qui en mangent.

Fructification du Genévrier, *Juniperus communis* L.

Cet arbrisseau, qui croît spontanément sur nos coteaux calcaires, a pour fruits de petites baies globuleuses, d'abord vertes, puis noires à leur complète maturité. Ces baies ont une odeur aromatique et une saveur amère, et peuvent passer à la fermentation vineuse. La liqueur qu'on appelle eau-de-vie de Genièvre n'est qu'une mauvaise eau-de-vie de grains dans laquelle on a fait infuser des baies de Genièvre.

Le Genévrier de Virginie, *Jun. virginiana* L., originaire de l'Amérique septentrionale, a de petites baies bleuâtres ; c'est cette espèce que les jardiniers appellent Cèdre rouge.

Fructification des Fougères. Au lieu de fleurs, cette curieuse famille n'a que des fructifications assemblées par petits paquets sur le dos des feuilles. Cherchez dans les vieux murs : le Cétérach, *Cet. officinarum*, et le Polytric, *Asplenium trichomanes* L.; cette dernière espèce est appelée vulgairement Capillaire noir ; contre les parois des puits, la Scolopendre, ou Langue de Cerf, *Scolopendrium officinarum* Sw.

Au pied des arbres, le Polypode, *Polypodium vulgare* L.

Sur les rochers calcaires, le *Polypodium calcareum* L.

Dans les bois, la Fougère Aigle Impériale, *Pteris aquilina* L., à une seule feuille tripennée, de 10 à 12 décimètres de hauteur. Quand on en coupe la tige sur la partie noirâtre de sa base, elle présente la figure de l'aigle autrichienne à deux têtes.

On trouve encore dans les bois un peu frais la Fougère mâle, *Polysticum Filix mas* DC., et la Fougère femelle, *P. Filix fœmina,* toutes deux avec de grandes feuilles à découpures ou folioles nombreuses, et des groupes de fructifications près des nervures.

---

4. *Ephémérides zoologiques.* — Eclosion des œufs de la Courtillière. Les jeunes de cet insecte si redoutable aux cultivateurs sont toujours au nombre de 3 à 400 dans chaque nichée, et si tous jouissaient de leur existence, une seule nichée suffirait pour dévaster toute une commune. Heureusement ils ont des ennemis plus à craindre pour eux que l'homme lui-même. Le Carabe doré, vulgairement *Jardinier,* leur fait une guerre acharnée, et, de plus, les Taupes, les Corbeaux et les Pies-Grièches en dévorent un grand nombre. C'est maintenant l'époque de l'éclosion d'une foule de papillons qui étaient en Chrysalides depuis le printemps. Au lieu d'en donner l'énumération, j'emprunte encore une fois à Bernardin de Saint-Pierre une comparaison :

« La puissance animale est d'un ordre bien supérieur à la végétale : le Papillon est plus beau et mieux organisé que la Rose. Voyez la reine des fleurs formée de portions sphériques, teinte de la plus riche des couleurs, contrastée par un feuillage du plus beau vert et balancée par le zéphir. Le papillon la surpasse en harmonie de couleurs, de formes et de mouvements. Considérez avec quel art sont composées les quatre ailes dont il vole, la régularité des écailles qui les recouvrent comme des plumes, la variété de leurs teintes brillantes, les six pattes armées de griffes avec lesquelles il résiste au vent dans son repos, la trompe roulée dont il pompe sa nourriture au sein des fleurs, les antennes, organes exquis du toucher, qui couronnent sa tête, et le réseau admirable d'yeux dont elle est entourée au nombre de plus de douze mille. Mais ce qui le rend bien supérieur à la Rose, il a, outre la beauté des formes, les facultés de voir, d'ouïr, d'odorer, de savourer, de sentir, de se mouvoir, de vouloir, enfin une âme douée de passions et d'intelligence : c'est pour le nourrir que la Rose entr'ouvre les glandes nectarées de son sein ; c'est pour en protéger les œufs collés comme un bracelet autour de ses branches qu'elle est entourée d'épines. La Rose ne voit ni n'entend l'enfant qui accourt pour la cueillir ; mais le Papillon posé sur elle échappe à la main prête à le saisir, il s'élève dans les airs, s'abaisse, s'éloigne, se rapproche, et après s'être joué du chasseur, il prend sa volée et va chercher sur d'autres fleurs une retraite plus tranquille. »

XLV.

(Juillet 22-28.)

1° *Ephémérides astronomiques.*

SOLEIL.			LUNE.				
JOURS.	Lever.	Coucher.	JOURS.	Lever.		Coucher.	
22 lun.	4 h.22 m.	7 h.49 m.	21	10ʰ 31ᵐ S.		10ʰ 7ᵐ M.	
23 mar.	4 23	7 48	22	10 58		11 14	
24 mer.	4 24	7 47	23	11 29		0 24 S.	
25 jeu.	4 25	7 46	24	— —		1 36	
26 ven.	4 26	7 45	25	0 5 M.		2 48	
27 sam.	4 28	7 43	26	0 47		3 58	
28 dim.	4 30	7 42	27	1 36		5 4	

Le 22, les jours sont de 15 h. 27 m., et le 28, ils ne sont plus que de 15 h. 12 m.

Le 23, entrée du soleil dans le signe du Lion à 9 h. 26 m. matin.

Le 24, lever héliaque de *Procyon*, Petit Chien, et commencement des jours caniculaires.

Le 25, fête de l'apôtre saint Jacques, jour convenable pour étudier la Voie lactée. Eh ! quel rapport, direz-vous, peut-il y avoir entre saint Jacques et la Voie lactée ? Le voici.

Vous savez probablement que, dans plusieurs pays de France, la Voie lactée est appelée le *chemin de saint Jacques* ; mais pourquoi ?

Jetez d'abord les yeux sur cette bande blanchâtre qui traverse toute la voûte du ciel, à peu près du nord au sud. Du temps de nos bons aïeux, lorsque, par une dévotion que nous n'avons pas le droit de blâmer, ils entreprenaient le célèbre pèlerinage de Saint-Jacques en Galice, et que pour éviter la chaleur ils faisaient route pendant la nuit, sans autres ustensiles de cuisine qu'un bourdon et une grande coquille du genre *Pecten*, appelée pour cette raison du nom de saint Jacques P. *Jacobœus*, alors ils levaient les yeux au ciel et ils suivaient la Voie lactée, sachant bien qu'elle les conduisait jusqu'à Compostelle, but de leur pèlerinage. Et nous aussi, levons les yeux vers cette immense nébuleuse. Elle est plus admirable qu'autrefois, depuis que les puissants télescopes d'Herschell et de Ross nous ont appris qu'elle était le résultat d'une quantité innombrable d'étoiles. Pour s'en faire une idée, il suffit de se figurer qu'un espace grand comme le disque de la lune en renferme plusieurs milliers.

Phases lunaires :

Le 24, D. Q. à 2 h 41 m. matin. — Le 27, dernier octant.

2. *Ephémérides météorologiques*. — Suivant l'opinion vulgaire, le nom de Canicules donne l'idée des grandes chaleurs, et cette idée se vérifie ordinairement quand le temps est normal. D'après les calculs de M. le docteur Grellois, le *maximum* moyen de température est le 25 juillet pour le pays Messin.

Observations faites à Metz, en 1848.

JOURS.	BAROM.	THERMOM.		VENTS.	ÉTAT DU CIEL.
—	maximum.	à 9 h.	à 3 h.	à midi.	—
22	747mm	17,5	25,7	S f.	Beau, nuageux.
23	748	23,0	29,0	S. O. f.	Id.
24	745	20,0	24,5	O. f.	Ouragan le soir.
25	748	18,4	22,0	O.	Beau, nuageux.
26	749	20,0	24,7	S. O.	Beau.
27	746	21,5	25,0	S.	Pluie 1/4 d'h.
28	749	18,3	25,3	O.	Beau, nuageux.

N. B. — Le *maximum* de température a été le 23.

Les vents d'ouest et de sud ont régné toute la semaine, et néanmoins il a fait assez beau.

3. *Ephémérides botaniques*. Floraison des Synanthérées. Cette belle famille, la plus nombreuse du règne végétal, a son principal épanouissement pendant le mois de juillet. Sur les 9,000 espèces qu'elle renferme, suivant de Candole, plus de 300 croissent dans notre pays, soit indigènes, soit naturalisées. Voici les espèces indigènes qui sont en fleurs cette semaine :

1° Les Corymbifères. *Eupatorium cannabinum* L., Eupatoire à feuilles de chanvre, au bord des ruisseaux. — *Aster Amellus* L. Cette fleur, que les jardiniers cultivent sous le nom d'*OEil-de-Christ*, n'est pas rare sur les coteaux. — *Erigeron acre* L., il croît dans les lieux arides. — *Solidago Virga aurea* L. La Verge d'or commune, ainsi appelée à cause de son épi de fleurs jaunes, se trouve dans les bois.

Bidens tripartita L., Bidens chanvrin, dans les lieux humides. — *Inula Helenium* L., Aunée officinale, dans les bois et les prés humides. — *Inula pulicaria* L. La Pulicaire commune, dans les lieux aquatiques.— *Inula dysenterica* L. La Pulicaire dysentérique, au bord des ruisseaux. — *Conyza squarrosa* L. La Conyze rude, sur les remparts de Metz et dans les lieux secs. — *Filago arvensis* L., Filago des champs, dans les champs sablonneux.—*Gnaphalium sylvaticum*, L., à une seule tige droite, blanchâtre et cotonneuse, dans les bois. — *Artemisia vulgaris* L., Armoise commune, dans les lieux incultes.— *Tanacetum vulgare* L , Tanaisie commune, le long des chemins. — *Achillæa ptarmica* L. La Millefeuille, herbe à éternuer, croît dans les prés humides. La Millefeuille ordinaire, *A. Millefolium* L., qu'on appelle aussi Herbe au charpentier, est souvent en fleurs au mois de juin. — *Anthemis tinctoria* L., Camomille des teinturiers, dans les terrains secs. — *Senecio erucæfolius* L., Seneçon à feuilles de roquette, très-commun au bord des chemins.

2° Cynarocéphales. *Carduus eriophorum* L , Cirse laineux, au fort Belle-Croix, au bord des routes. — *Carduus palustris* L., Cirse des marais, dans les bois humides. — *Serratula arvensis* L., Cirse des champs, très-commun dans les champs et très-incommode aux cultivateurs. — *Carduus crispus* L., Chardon crépu, très-commun le long des chemins. —*Centaurea lanata*

DC., Chardon béni, aux fleurs jaunes avec des involu-
cres chargés d'un duvet semblable à des toiles d'araignée, au Sablon et dans les lieux secs. — *Centaurea
Jacea dumetorum*, L., Centaurée des buissons, très-
commune partout.

3° Chicoracées. *Cichorium Intybus* L., Chicorée sauvage, très-commune le long des chemins. C'est la
racine de cette espèce qui sert à remplacer le café. —
Lactuca sylvestris Lam., *L. saligna* L., *L. muralis*
DC. Ces différentes espèces de Laitues sauvages ne sont
pas rares dans les lieux incultes. — *Hieracium umbellatum* L., Epervière à ombelles, assez commune dans
les terrains incultes et dans les bois.

Fructification :

Voici l'époque où l'abondance des fruits va fournir
nos marchés et les tables les moins riches.

Cerisiers. Ce fruit, dont plusieurs variétés étaient
mûres dès le mois de juin, en a encore plusieurs qui
mûrissent à la fin de juillet : le Bigarreau noir, le Mont-
morency, et une variété de guigne connue sous le nom
de Choques dans les environs de Metz.

Abricotiers. Après les variétés précoces, il y a, pour
la fin de juillet, le gros blanc d'Auvergne.

Pêchers. Le Pêcher, plus tardif, a déjà néanmoins
une variété pour la fin de juillet ; on l'appelle Petite
Mignonne.

Poiriers. Sur les trois cents variétés de poires que
vous pouvez trouver dans l'établissement des frères
Louis, nous en avons déjà une petite qu'on appelle
Doyenné de juillet.

Pommiers. Il y a aussi un grand nombre de variétés de pommes, généralement plus tardives que les poires. La plus hâtive est la Calville blanche d'été ; elle est déjà mûre à la mi-juillet.

Pruniers. Des variétés précoces de prunes mûrissent à la fin de juillet, ce sont : la petite rouge, dite Marange ; la violette foncée, appelée Damas de Tours ; une grosse violette, appelée Monsieur, et même une petite variété de Mirabelle.

***

4° *Ephémérides zoologiques.* — Une observation à faire cette semaine, c'est la disparition des Martinets. Eux qui sont arrivés les derniers de tous les oiseaux d'été sont les plus empressés à partir. A dater de la Saint-Jacques on ne les entend plus. On explique ce départ précipité par une nécessité tirée de leur régime alimentaire. Il paraît qu'ils ne trouvent plus dans les régions de l'air où ils font leurs évolutions accoutumées les Tipules et les autres insectes dont ils doivent faire leur nourriture.

A cette époque, le nombre des Guêpes augmente : ce ne sont que des ouvrières qui vont butiner sur les fruits mûrs soit pour leur propre nourriture, soit pour celle des larves. La Guêpe vulgaire s'attaque aux pêches et aux poires, les Frelons à la Reine-Claude, et les Polistes aux baies de raisin.

XLVI.

1° *Ephémérides astronomiques.*

	SOLEIL.			LUNE.	
JOURS.	Lever.	Coucher.	JOURS.	Lever.	Coucher.
29 lun.	4 h. 29 m.	7 h. 43 m.	28	2h 34m M.	6h 3m S.
30 mar.	4 30	7 41	29	3 40	6 54
31 mer.	4 32	7 40	1	4 53	7 38

De 31, la durée du jour est de 15 h. 8 m.

Phases lunaires :

N. L. le 31, à 4 h. 53 m. matin ; ce jour-là, remarquez le coucher de la lune, presque au même instant que celui du soleil.

2. *Ephémérides météorologiques*.

Observations faites à Metz, en 1848.

J.	BAR.	THERM.		VENTS	ÉTAT DU CIEL.
—	à midi.	à midi,	à 3 h.	à midi.	—
29	749	23	26	O.	Beau, nuageux.
30	745	24	26	S.	Id.
31	750	22	24	S. O.	Id., pluie par interv.

Le 31, il y eut orage avec tonnerre et éclairs à 3 h. et demie du matin.

En 1846, le 29 juillet, il y eut dans la vallée du Rhin une forte secousse de tremblement de terre qui se fit sentir dans la partie orientale du département jusqu'à Metz et Thionville.

———

3. *Ephémérides botaniques*. — Dans l'article précédent, nous avons vu la floraison des synanthérées indigènes. Voici maintenant les synanthérées étrangères qui sont cultivées dans nos jardins et qui fleurissent aussi à la fin de juillet.

— De la France méridionale : l'Absinthe, *Artemisia Absinthium* L., cultivée pour ses qualités médicinales ; la Camomille romaine, *Anthemis nobilis* L., plante aromatique propre aux bordures ; l'Aurone, *Artemisia abrotanum* L., cultivée sous le nom de Citronelle, à cause de son odeur pénétrante ; la Balsamite odorante, *Pyrethrum Tanacetum* DC.; la Santoline, petit Cyprès, *Santolina Chamæcyparissus* L., à feuilles persistantes.

— Du Pérou : le Soleil à grandes fleurs, l'*Helianthus annuus* L.

— Du Mexique, les OEillets d'Inde, *Tagetes patula* et *Tagetes erecta* L.; les *Stevia*, l'un à fleurs blanches, l'autre à fleurs rouges; le Zinnia élégant, *Z. coccinea*.

— De l'Amérique septentrionale : les *Coreopsis* et les *Rudbeckia*.

— Du Levant : la Centaurée odorante, Fleur du Grand-Seigneur, *Centaurea Amberboi* Lam.; la grande Chrysanthème, *Chrysanthemum coronarium* L.

— De la Chine : la grande Marguerite, *Aster sinensis*.

A ces floraisons, joignez plusieurs variétés de Lupins, de Daturas, d'Enothères, de Dracocéphales, de Mimules, d'OEillets, de Ricins et de Lobelias, etc., et vous pourrez former la guirlande la plus magnifique.

Quelques fructifications à observer à la fin du mois de juillet: *Solanum dulcamara*, *Vaccinium Myrtillus*, *Malva sylvestris*, *Digitalis purpurea*, *Antirrhinum majus*, *Aconitum Napellus*, *Atropa Belladonna*, *Epilobium spicatum*, *Chelidonium majus*, *Arum maculatum*, etc.

---

4. *Ephémérides zoologiques.* — Pendant que nos chasseurs s'apprêtent à faire la guerre aux hôtes des bois et aux oiseaux de passage, jetons les yeux vers les côtes occidentales de la France, et nous y observerons un grand mouvement qui nous intéresse ; je veux dire l'arrivée des chaloupes de pêche avec les prémices des Harengs.

La présence des Harengs sur les bas-fonds est indiquée la nuit par une lueur phosphorescente. Pendant le

jour, une matière huileuse est répandue sur la surface
des eaux ; les Mouettes et les autres oiseaux de mer
planent au-dessus pour saisir les imprudents qui se
montrent. Quelquefois aussi un Requin s'en approche
et prévient les pêcheurs. C'est ordinairement le soir
qu'on jette les filets, et, pour attirer les Harengs, on y
attache quelquefois des lanternes. Pendant tout le mois
de juillet jusqu'au delà d'octobre, les ports de mer de la
Bretagne envoient plusieurs milliers de chaloupes à la
pêche des Sardines d'abord, puis à celle des Harengs.
Les Sardines sont comme l'avant-garde de cette grande
armée, et pendant que le reste de leurs légions s'avance
le long de l'Océan jusqu'aux rivages de l'Espagne, tous
les écueils du Morbihan et du Finistère, toutes les côtes
de la Normandie, de la Flandre et de la Hollande sont
visitées par les innombrables colonies des Harengs qui,
en grande partie, tomberont dans les filets des pêcheurs
et seront transportés par les chemins de fer jusqu'aux
extrémités de la France.

XLVII.

(*Août* 1-7.)

Le mois d'août, de 31 jours, comme le mois de juillet, n'était que le sixième de l'année chez les anciens Romains, et pour cela il s'appelait *Sextilis*. Mais après la réforme de Jules César, qui fixa le commencement de l'année au mois de janvier, le mois d'août se trouva être le huitième, et au bout de quelque temps il fut nommé *Augustus*, en l'honneur du grand empereur.

Les historiens ont conservé le sénatus consulte en vertu duquel ce changement eut lieu.

Le calendrier chrétien n'a pas fait difficulté d'adopter le nom d'*Augustus*, et c'est de ce mot latin mal prononcé qu'est venu notre mot français, le mois d'août.

———

1° *Ephémérides astronomiques.*

	SOLEIL.			LUNE.	
JOURS.	Lever.	Coucher.	JOURS.	Lever.	Coucher.
1 jeu .	4 h.35 m.	7 h.36 m.	2	6h 9m M.	8h 16m S.
2 ven.	4 36	7 35	3	7 24	8 49
3 sam.	4 38	7 33	4	8 37	9 18
4 dim.	4 39	7 32	5	9 48	9 46
5 lun.	4 40	7 30	6	10 56	10 14
6 mar.	4 42	7 29	7	0 2 S.	10 43
7 mer.	4 43	7 27	8	1 5	11 13

Le 1er août, les jours ne sont plus que de 15 heures et 1 minute.

Phases lunaires :

Premier octant le 3 août ; P. Q. le 7, à 7 h. 18 m. matin.

Aspect des planètes :

Pendant tout le mois d'août, Vénus doit se coucher une heure environ avant le soleil ; elle sera donc encore ce mois-ci l'*Etoile du matin*. A la fin du mois, son lever sera si voisin de celui du soleil, qu'elle ne sera guère visible.

Mars, qui ne se couchera que vers 10 h. du soir, sera visible tous les jours près de l'horizon, quand le ciel sera sans nuages.

Vers la même heure, à l'orient, sera le lever de Jupiter.

2. *Ephémérides météorologiques.* — Le 1er août 1836, le thermomètre marqua 34°,8 ; ce fut le *maximum* de l'année.

Le même jour, en 1791, un ouragan causa beaucoup de dégâts dans les campagnes, surtout du côté de Briey et d'Etain. Il est tombé des grêlons qui avaient jusqu'à 10 lignes de diamètre et de toutes formes , mais presque tous dentelés et ayant des pointes très-aiguës.

Le 3 août 1826, la température a été de 36°,10. C'est la température la plus élevée qu'on ait observée dans le pays Messin.

Le 4 août 1853, il y eut à Metz une des plus fortes averses qu'on ait jamais vues. En deux heures il tomba 45 millimètres de pluie.

Le 7 août 1845, orage remarquable. Voici sur cet orage une note curieuse insérée par M. Lucy dans les Mémoires de l'Académie :

« A deux heures trente minutes du soir, il est tombé sur la ville de Metz une grêle dont les grêlons affectaient des formes aussi bizarres que variées. Ceux que j'ai recueillis intacts sur le gazon de mon jardin présentaient généralement l'aspect d'une sphère déprimée avec des excroissances sur les dépressions ; d'autres avaient la forme de poires, de gourdes, de massues, de balles qui porteraient sur toute leur circonférence la bavure résultant d'un moule mal joint. Presque tous offraient de petits mamelons opposés les uns aux autres. Le poids pouvait être de 20 à 25 grammes. La glace qui les formait était tellement transparente et limpide qu'il était facile de distinguer l'écriture à travers leur épaisseur. »

3. *Ephémérides botaniques.* — Floraison du Carthame officinal, *Carthamus tinctorius* L. Originaire d'Egypte, il est cultivé comme plante d'ornement, et aussi comme plante tinctoriale ; de ses fleurs orangées on tire une substance colorante qui remplace le Safran.

Floraison de la Molène Bouillon-blanc, *Verbascum*

Thapsus L. Elle est assez commune dans tous les terrains. La médecine fait usage de ses feuilles comme émollientes.

La famille des Cucurbitacées commence à être fière de ses Courges, de ses Melons juteux et de ses Citrouilles, qui rampent toujours sur la terre comme au temps d'Esope.

Mais la fructification la plus importante et la plus remarquable du mois d'août, c'est celle des Céréales, et nous touchons à l'époque de la moisson. Cette époque est si bien marquée pour la France septentrionale, que le mot août est devenu synonyme de moisson. Faire la moisson, c'est faire l'août.

> Remuez votre champ dès qu'on aura fait l'oût,

disait le bon Lafontaine.

4. *Ephémérides zoologiques.* — Les Forficules tirent leur nom, qui signifie *tenailles*, de deux crochets mobiles qui terminent leur abdomen. Pendant les chaleurs, elles se tiennent cachées sous les pierres, sous la mousse, entre les tuteurs et les arbres ; on les trouve souvent dans les cavités des fruits qui ont été entamés par des guêpes. Quand la Forficule est dérangée, elle se met en défense en relevant la partie postérieure de l'abdomen et présente ses pinces d'un air menaçant.

Il est peut-être arrivé quelquefois que la Forficule s'est réfugiée dans le trou de l'oreille d'un homme endormi, ce qui lui a valu son nom vulgaire de Perce-oreilles. Mais c'est un préjugé de croire qu'elle perce le tympan ; bien loin d'en avoir la force, il ne lui est pas possible de rester longtemps dans cet asile.

XLVIII.

(*août* 8-14.)

1° *Ephémérides astronomiques.*

	SOLEIL.			LUNE.	
JOURS.	Lever.	Coucher.	JOURS.	Lever.	Coucher.
8 jeu.	4 h. 43 m.	7 h. 27 m.	9	2^h 5^m S.	11^h 47^m S.
9 ven.	4 45	7 25	10	3 2	— —
10 sam.	4 46	7 23	11	3 55	0 25 M.
11 dim.	4 48	7 22	12	4 44	1 8
12 lun.	4 49	7 20	13	5 28	1 56
13 mar.	4 50	7 18	14	6 7	2 49
14 mer.	4 52	7 16	15	6 41	3 46

Le 8 août, la durée du jour est de 15 heures moins
16 min. Le 14 elle n'est plus que de 14 h. 24 min.

Le 10, apogée de la lune ; le 12, deuxième octant.

---

2 *Ephémérides météorologiques.* — La nuit du 9 au 10 août est remarquable en météorologie ; elle partage avec celle du 13 novembre le privilége d'une plus grande abondance d'étoiles filantes. Est-ce l'effet d'un état particulier de l'atmosphère ? Ou bien notre globe a-t-il tous les ans à traverser dans le ciel une légion d'astéroïdes qui se tiennent là sur son passage ? c'est ce que nous ignorons. Mais le phénomène est assez curieux pour que cette nuit-là nous nous tenions à nos observatoires.

Ce phénomène avait été remarqué très-anciennement ; car dans certaines provinces les étoiles filantes du mois d'août sont appelées *Larmes de saint Laurent.*

La fête de saint Laurent tombe le 10 août.

Observations faites à Metz, en 1848.

JOURS.	BAROM.	THERMOM.		VENTS.	ÉTAT DU CIEL.
—	maximum.	à 9 h.	à 3 h.	à midi.	—
8	745 45mm	22,0	24,0	S.	Pluie, orage.
9	745,44	17,5	19,5	O. S. O.	Vent, pluie.
10	748,26	18,5	19,5	O. S. O.	Pluie.
11	750,04	19,0	18,8	N. O.	Couvert.
12	745,40	19,0	18,9	S.	Grand vent.
13	742,26	19,3	19,6	S.	Nuageux.
14	741,83	19,5	20,0	S.	Id.

Rem. Pendant la nuit du 10 au 11, sous l'influence du vent N. O., le thermomètre descendit jusqu'à 10°, et l'on vit avec étonnement le matin, sur les toitures et sur le gazon, une apparence de gelée blanche. Cette intercalation d'un jour avec vent de N. O. au milieu d'une semaine où régnait le Sud est singulière : quelle pouvait en être la cause ? Pour le conjecturer, il faudrait consulter les tableaux météorologiques des provinces situées au nord et au midi.

3. *Ephémérides botaniques.* — Floraison :

Continuation des fleurs de juillet ; peu de nouvelles floraisons. Cependant il y a plusieurs plantes d'ornement qui fleurissent avant la mi-août. Ce sont d'abord les Balisiers de l'Amérique méridionale, *Canna indica* L. Ces plantes magnifiques viennent de la zone torride, mais comme elles sont annuelles, on en cultive avec succès dans nos jardins plusieurs variétés à fleurs écarlates.

En même temps, on a en fleurs plusieurs espèces de Glayeuls, de Lotiers, d'Ipomées.

Fructification :

Les graines du Carthame officinal fournissent une huile bonne à brûler, qui entre aussi dans les préparations culinaires.

Dans le nord et le nord-est de la France, une plante oléagineuse très-cultivée est le *Papaver somniferum* L. L'huile qu'on retire de ses graines est appelée huile d'*OEillette*, et ce mot est un diminutif d'*oleum* La variété nommée Pavot blanc ou à grosse tête est principalement cultivée dans le pays Messin C'est le suc épaissi de ce Pavot qui produit l'opium des pharmacies. On sait combien les Orientaux ont abusé de ce produit.

Fructification de la Nielle des blés, *Lychnis Githago* L. Les graines noires de cette plante, qui abonde quelquefois dans les moissons, communiquent au pain, quand elles sont mêlées au blé, une couleur violette.

Parmi les fruits à drupes, nous avons, avant la mi-août : des Prunes, la Reine-Claude hâtive, la Royale hâtive et la Prune de Montfort ; plusieurs Abricots, et même quelques Pêches hâtives. Les fruits à pépins nous donnent des Poires précoces, le Beurré hâtif et le gros Rousselet.

Les Pommiers nous donnent déjà la Calville rouge d'été, et une Reinette qu'on appelle Reinette de Bréda.

---

4. *Ephémérides zoologiques.* — Je ne signalerai pour cette semaine qu'un phénomène du règne animal, asssez rare et même controversé, c'est celui des *Pluies de Crapauds*

Les anciens en avaient parlé, mais seulement comme d'un préjugé, et le célèbre naturaliste Ray alla jusqu'à dire : Celui qui croit qu'il pleut des Crapauds peut croire aussi qu'il pleut des Vaux.

En 1833, ce phénomène fut examiné sérieusement, et bien des séances de l'Académie des sciences furent remplies de discussions pour et contre.

On citait des témoins oculaires qui avaient vu tomber une foule de petits Crapauds avec une forte pluie, qui en avaient reçu sur la main, sur leur chapeau. J'ai connu un homme estimable qui m'assura un jour qu'il en avait reçu sur son parapluie. En conséquence de ces assertions dignes de foi, on chercha des explications du phénomène, et il faut avouer qu'après plusieurs hypothèses qui furent proposées, il resta encore des incrédules. J'en ai parlé ici pour attirer l'attention des observateurs.

XLIX.

(*Août* 15-21.)

1° *Ephémérides astronomiques.*

SOLEIL.			LUNE.		
JOURS.	Lever.	Coucher.	JOURS.	Lever.	Coucher.
15 jeu .	4 h.53 m.	7 h.15 m.	16	7^h 13^m S.	4^h 46^m M.
16 ven.	4 54	7 13	17	7 42	5 49
17 sam.	4 56	7 11	18	8 9	6 54
18 dim.	4 57	7 9	19	8 36	8 0
19 lun.	4 59	7 7	20	9 4	9 7
20 mar.	5 0	7 5	21	9 34	10 15
21 mer.	5 2	7 4	22	10 7	11 24

Le 15 aoùt, la durée du jour n'est plus que de 14 h. 22 m.

Le 21, elle est de 14 h. 2 m.

Phases lunaires :

Le 15, P. L. à 10 h. 47 m. matin. — 3ᵉ octant, le 19.

Pendant ces huit jours, c'est Jupiter qui méritera d'être observé. Il se lèvera vers 8 heures au sud-est, et sera d'autant plus remarquable que dans cette région du ciel, il n'y aura presque point d'étoiles.

2. *Ephémérides météorologiques.*

Observations faites à Metz, en 1848.

J.	BAR.	THERM.		VENTS	ÉTAT DU CIEL.
—	à 9 h. m.	à 9 h.,	à 3 h.	à midi.	—
15	742,40	18.7	19.5	S. O.	Orage à 1 h. mat.
16	742,32	18.5	24.5	O.	Pluie après midi.
17	743,45	18.0	20.0	O. N. O.	Beau.
18	750,00	17.5	22.3	S. O.	Id.
19	746,50	18.5	25.7	O.	Id.
20	746,00	15.7	16.7	S. S. O.	Id.
21	748,42	15.0	18.7	S.	Id.

Le 21 août 1852, à sept heures du soir, le vent étant au sud, un violent orage éclata sur les villages à l'est de la ville. Un nuage épais semblable à une bande noire rasait la terre, puis, tout à coup, une trombe d'eau s'abattit sur Grigy, Borny, Colombey, Montoy et Vallières. Le ruisseau de la Cheneau s'éleva, dans un instant, à trois mètres de hauteur ; à Montoy, le torrent renversa plusieurs murailles de jardins. Belle-Tanche, qui n'est qu'à un demi-kilomètre de Borny, n'eut pas une goutte d'eau.

3. *Ephémérides botaniques.* — Les jardiniers parlent de la sève d'août, comme d'un phénomène pério-

dique digne de remarque. Ce n'est pas qu'il y ait au mois d'août une séve particulière qui diffère de celle du printemps : c'est toujours le même suc nourricier qui circule dans les plantes. Mais, peut-être que les pluies, qui surviennent en même temps que la chaleur augmente, sont plus fécondes et impriment à la séve un mouvement plus sensible. *Quand il pleut en août*, dit un ancien proverbe, *c'est miel et bon moût.*

Signalons la floraison de quelques plantes économiques.

L'Estragon, *Artemisia Dracunculus* L., qui vient de Sibérie, est cultivé pour servir d'assaisonnement.

La Balsamite, *Pyrethrum Tanacetum* DC., originaire du Midi, est cultivée dans quelques jardins pour son odeur aromatique et pour ses qualités médicinales.

L'Artichaut, *Cynara Scolymus* L., est, comme on sait, très-commun dans les potagers. C'est le réceptacle charnu de ses fleurs que l'on mange.

La Sarrette des teinturiers, *Serratula tinctoria* L., était autrefois employée comme vulnéraire. Aujourd'hui elle n'est plus recherchée dans les bois que pour les arts, auxquels elle fournit une couleur jaune meilleure que la Gaude.

Parmi les fructifications qui s'achèvent à la mi-août, les plus remarquables, après celle des arbres à noyaux et à pépins, c'est celle des Solanées. Quelques-unes sont encore en fleurs : les Stramoine fastueuse et Str. cornue, les Nicotianes et les Pétunies. Mais la plupart commencent à montrer leurs fruits.

L'économie culinaire y trouve les rouges Tomates ou Pommes d'amour, *Solanum lycopersicum* L., originaire du Mexique, et le Piment, *Capsicum annuum* L., dont les fruits rouges comme du corail sont vulgairement appelés Poivre d'Espagne ou Poivre de Guinée. La Melongène, Aubergine, *Solanum melongena* L., donne tantôt des fruits blancs comme des œufs de poule, tantôt des fruits violets comestibles. Ces deux variétés, très-communes dans le Midi, ne se cultivent guère dans nos jardins que comme plantes de curiosité.

Le Faux-Piment ou Cerisette, *Sol. pseudo-Capsicum* L., doit son nom à ses baies, qui sont semblables à de petites Cerises jaunes ou rouges. Comme il est de Madère, on est obligé de le tenir dans l'orangerie pendant l'hiver.

Les tiges sarmenteuses de la Douce-Amère sont maintenant garnies de petites baies rouges, qui embellissent les berceaux.

La Stramoine, Pomme épineuse, *Datura Stramonium*, a des fruits plus gros qu'une noix et tout hérissés de pointes aiguës ; ce qui l'a fait nommer vulgairement *Pomme du diable*.

La Belladone, *Atropa Belladona* L., qui croît spontanément dans les bois couverts, a des baies grosses comme des cerises et d'un noir luisant. C'est un poison violent, et plus d'une fois on a vu des enfants, trompés par l'apparence, éprouver des douleurs atroces et mourir pour en avoir mangé.

La Jusquiame, *Hyosciamus niger* L., est aussi un poison dangereux, mais elle est d'un aspect repoussant et d'une odeur désagréable, ce qui fait qu'on n'est pas tenté de la cueillir, quoiqu'elle soit plus commune que la Belladone.

Un jour, dit-on, le célèbre Gassendi rencontra un berger qui lui dit avoir un onguent au moyen duquel il pouvait aller au Sabat. Gassendi, l'ayant fait épier, découvrit que cet onguent était composé de jusquiame , d'huile et de graisse, et que le berger, quand il en faisait usage, tombait dans un assoupissement accompagné de rêveries délirantes. Après ce sommeil fébrile, il racontait aux bonnes gens les visions qu'il prétendait avoir eues pendant la nuit.

La Nicotiane rustique et le Tabac sont aussi des Solanées d'un usage bien connu. A la fin d'août , il faut examiner leurs fruits capsulaires ; ils renferment une si grande quantité de petites graines que, si toutes réussissaient , un seul pied de tabac pourrait couvrir , au bout de quelques années , tout le département de la Moselle.

Terminons cette énumération des Solanées par la plus précieuse de toutes , aimée des riches et des pauvres , qu'on appelle Pomme de terre, *Solanum tuberosum*. On sait qu'elle a pour fruits des baies globuleuses vertes, qui sont vénéneuses comme les fruits de toutes les Solanées. Cette plante, originaire de l'Amérique, est devenue l'une des plus précieuses de l'Europe à cause des tubercules féculents qui accompagnent ses racines. Espérons que la maladie désastreuse dont elle a été attaquée disparaîtra tout à fait.

A l'époque où cette maladie faisait presque désespérer de conserver la Pomme de terre, on jeta les yeux vers les plantes à racines tuberculeuses , afin d'en découvrir quelques-unes qui pussent la remplacer. On essaya de l'Igname, sans beaucoup de succès. La *Pso-*

ralea esculenta, légumineuse du Cap, eut une certaine vogue sous le nom de *Picotiane ;* on s'adressa également à une autre légumineuse de Virginie, du genre Glycine, *Glycina Apios* L., dont les tubercules égalent quelquefois des œufs de poule en grosseur. Ces différents essais n'ont pas eu de suite. Une seule plante a conservé sous ce rapport un peu de célébrité, c'est l'*Oxalis crenata* du Pérou. Les tubercules nombreux qu'on en tirait firent croire un instant que cette sœur de notre oseille allait obtenir de l'industrie agricole assez de développement pour suppléer à la Pomme de terre. Remplacer ce précieux tubercule sera toujours une chose impossible.

L.

(*Août* 22-31.)

1° *Ephémérides astronomiques.*

SOLEIL.			LUNE.		
JOURS.	Lever.	Coucher.	JOURS.	Lever.	Coucher.
22 jeu.	5h. 3m.	7h. 2m.	23	10h 44m S.	0h 34m S.
23 ven.	5 4	7 0	24	11 28	1 43
24 sam.	5 6	6 58	25	— —	2 49
25 dim.	5 7	6 56	26	0 20 M.	3 50
26 lun.	5 9	6 54	27	1 21	4 44
27 mar.	5 10	6 52	28	2 29	5 31
28 mer.	5 12	6 50	29	3 42	6 11
29 jeu.	5 13	6 48	30	4 57	6 45
30 ven.	5 14	6 46	1	6 11	7 16
31 sam.	5 16	6 44	2	7 24	7 45

Le 23 août, le soleil entre dans le signe de la
Vierge.

Les jours diminuent sensiblement pendant cette période : chaque jour, le soleil se couche deux minutes plus tôt que le jour précédent.

Le 31, la durée du jour n'est plus que de 13 heures 28 minutes.

Phases lunaires :

D. Q. le 22, à 9 h. 30 m. soir.

— Dernier octant, le 26.

N. L. le 29, à 1 h. 14 m. soir. — Le 26, périgée.

— Le 29 août, éclipse totale de soleil, invisible en France. Elle sera visible au cap de Bonne-Espérance et dans une partie de l'Amérique méridionale.

———

2. *Ephémérides météorologiques.* — Le 25 août, fin des jours caniculaires. Depuis que le soleil est entré dans le signe de la Vierge, on peut dire que les fortes chaleurs sont passées.

> « C'en est fait, la Vierge céleste,
> « En découvrant son front vermeil,
> « Adoucit, d'un regard modeste,
> « L'ardeur brûlante du soleil. »
>
> Le Card. DE BERNIS.

Observations faites à **Metz** en **1848**, à midi.

JOURS.	BAROM. maximum.	THERMOM.	VENTS. à midi.	ÉTAT DU CIEL.
22	742 00mm	15,8	S. O.	Pluie.
23	745,00	14,5	S.	Vent.
24	745,00	17,0	O. S. O.	Pluie.
25	751,00	14,5	O.	Id.
26	750,00	20,5	S.	Nuages.
27	750,00	21,5	S. O.	Pluie.
28	749,00	24,5	S.	Brouillard.
29	747,00	24,5	S. S. E.	Id.
30	747,00	23,5	N.	Vent.
31	747,00	17,0	N.	Pluie.

3. *Ephémérides botaniques.*—Continuation des fleurs indigènes déjà indiquées, peu de nouvelles.

Floraison de plusieurs plantes étrangères cultivées dans les jardins d'agrément :

Le Ricin *Palma Christi,* fait un bel effet dans les massifs à cause de ses feuilles grandes et palmées et de la teinte rouge de leurs tiges. Les fleurs unisexuées et à grappes, curieuses à voir, préparent déjà au sommet les fruits qui seront recueillis pour la pharmacie.

L'Acacia *Julibrissin* de Constantinople, sans épines, a des grappes de fleurs d'un blanc rosé, remarquables parce que les étamines en aigrettes sont beaucoup plus longues que les pétales.

La *Phytolacca decandra* de Virginie, surnommée *Raisin d'Amérique* à cause de ses petites baies à suc rouge, n'a pas des fleurs bien apparentes ; mais dans les Etats-Unis on mange ses feuilles comme des épinards. Aussi cette plante, assez rustique d'ailleurs, mériterait d'être cultivée dans nos potagers, et, au lieu d'être un arbuste d'ornement, elle serait ajoutée aux plantes économiques.

On voit fleurir aussi l'Aconit Tue-loup, *Aconitum lycoctonum* L., à casque jaune, et l'Aconit paniculé, dont le casque bleu se termine en pointe verte.

Fructification :

Les noix ne sont pas encore mûres, mais dans plusieurs pays on les prépare avec un assaisonnement de verjus sous le nom de *Cerneaux.* Le brou, malgré son amertume, est recherché par le liquoriste.

79

Quelques noisettes aussi commencent à être mûres. Les Poires nous donnent déjà plusieurs variétés de Rousselets ; les Pommiers , des Calvilles rouges ; les Pruniers, des Mirabelles de Metz, des Draps-d'or de Nancy, et des Reines-Claudes vertes ; les Raisins, des Morillons précoces. Les Pêches sont encore rares.

— Fructification des Nerpruns, *Rhamnus catharti- cus, Rh. frangula* L. Leurs petites baies, semblables à des Prunelles noires, justifient leur nom vulgaire *Nerprun*. Les baies du *Rhamnus catharticus* sont employées comme purgatives; on prépare aussi avec elles une couleur verte connue sous le nom de *Vert-de-Vessie*.

Les tiges du *Rhamnus frangula* , réduites en charbon, entrent dans la fabrication de la poudre à canon.

---

4. *Ephémérides zoologiques.* — Parmi les insectes hémiptères qui se font distinguer sur les fleurs, pendant les chaleurs estivales , il en est qui méritent une attention particulière , malgré la défaveur attachée à leur nom ; ce sont ceux qu'on appelle communément Punaises des jardins ou Punaises des bois, et qui exhalent presque tous une odeur nauséabonde. Voici ce qui peut leur concilier un peu d'intérêt. D'abord ils sont remarquables par un éclat métallique et par des couleurs brillantes, et si l'odeur qu'ils exhalent quelquefois vous repousse, apprenez que c'est un moyen de défense que la nature accorde à leur faiblesse pour éloigner leurs ennemis. Si vous vous approchez de l'insecte sans qu'il s'en aperçoive , vous ne sentirez aucune mauvaise odeur ; mais si vous avez l'air de vouloir lui nuire, ne

soyez pas étonné qu'il emploie pour se défendre le moyen que la nature lui a donné.

Sans nous engager dans le labyrinthe des noms nouveaux qu'on a inventés pour différencier les genres nombreux de cette famille, voici les espèces les plus communes et les plus remarquables de notre pays :

La Scutellaire siamoise, rouge avec cinq lignes noires sur le corselet ; commune dans les potagers.

La Scutellaire hottentote, d'un brun foncé avec des pattes jaunâtres ; on la trouve souvent dans les seigles.

Le Pentatome vert sur le genévrier.

Le Pentatome orné, varié de rouge et de noir, sur les crucifères, spécialement sur les choux.

Le Corée bordé, dont le corselet s'élargit en forme d'ailerons ; commun dans les haies.

Le Lygée chevalier, rouge avec des bandes noires et des taches blanches, dans les jardins.

Le Lygée aptère, rouge avec de gros points noirs ; extrêmement commun au pied des arbres.

La Miride verte et la M. rayée de jaune et de noir, quoique vivant sur les fleurs, sont sanguisuges ; on les voit poursuivre les autres insectes et surtout les Pucerons.

LI.

Le mois de septembre, de 30 jours, est ainsi nommé parce qu'il était le septième de l'année romaine, lorsqu'elle commençait au mois de mars. Depuis la réforme julienne, il se trouve le neuvième, et néanmoins les Romains ont conservé l'ancienne dénomination. C'est aussi le nom qui est employé dans le calendrier grégorien.

1° *Ephémérides astronomiques.*

	SOLEIL.			LUNE.		
JOURS.	Lever.	Coucher.	JOURS.	Lever.		Coucher.
1 dim.	5 h.17 m.	6 h.42 m.	3	8h 35m M.		8h 13m S.
2 lun.	5 19	6 40	4	9 44		8 42
3 mar.	5 20	6 38	5	10 50		9 13
4 mer.	5 21	6 36	6	11 53		9 46
5 jeu.	5 23	6 34	7	0 52	S.	10 23
6 ven.	5 24	6 32	8	1 47		11 5
7 sam.	5 26	6 30	9	2 37		11 51

Au 1ᵉʳ septembre, la durée du jour n'est plus que de 13 heures 25 min.

Phases lunaires :

1ᵉʳ octant le 2. — P. Q. le 5, à 11 h. 41 m. soir. — Le 7, apogée.

Pendant tout ce mois, Vénus sera encore l'*Etoile du matin ;* elle sera couchée avant le soleil et se lèvera un peu avant lui.

Mars pourra être observé pendant une heure après le coucher du soleil.

A peine le soleil sera-t-il couché que Jupiter se lèvera vers le sud-est ; et en suivant son cours dans le ciel il brillera toute la nuit.

———

2. *Ephémérides météorologiques* — Le mois de septembre est ordinairement dans notre pays le plus beau de l'année, et quand à l'élévation modérée de la température se joint la sérénité et le calme de l'atmosphère, alors c'est un besoin pour les citadins d'aller respirer l'air de la campagne. Heureux ceux qui ont une *villa* ou des terres cultivées : voici pour eux le temps des jouissances, et ce sentiment est plus vif peut-être dans une place forte où les habitations des particuliers sont inévitablement restreintes. A ceux qui n'ont pas de maison de campagne, il faut au moins un petit jardin en dehors des fortifications. J'ai du plaisir à voir le dimanche, toute une famille se mettre en marche, après vêpres, pour aller jouir jusqu'au soir des plaisirs de la vie champêtre. Il y a en cela quelque chose de patriarcal, et c'est un des beaux côtés de la population messine.

Observations faites à Metz en 1848, à midi.

J.	BAR.	THERM.	VENTS	ÉTAT DU CIEL.
1	749,00	16.0	O.	Nuageux.
2	756,00	18.0	N. O.	Id.
3	755,00	21.0	N.	Id.
4	752,00	20.5	N. N. E.	Brouillard.
5	746,00	20.5	E.	Beau.
6	744,00	24.0	O.	Id.
7	747,00	24.0	N.	Brouillard.

Le 6 septembre 1834, vers trois heures après midi, par un vent d'O. S. O , une trombe fondit du Saint-Quentin sur la plaine. On entendait un bruit semblable au roulement d'un chariot et des éclairs sillonnaient le tourbillon. Sur une largeur d'environ 110 ou 130 pas, beaucoup d'arbres furent déracinés et des toitures enlevées avec les poutrelles. Les dégâts néanmoins ne furent pas aussi considérables qu'on le craignait d'abord.

3. *Ephémérides botaniques.* — Une fleur indigène appartient au commencement de septembre, c'est le Colchique, *Colchicum autumnale* L., dont les fruits ne seront mûrs qu'au printemps. Son apparition dans nos plaines est le signal de l'automne.

Fructification des Berbéridées :

Le Vinettier, *Berberis vulgaris* L., ainsi nommé sans doute à cause de ses grappes de fruits assez semblables à ceux de la Vigne, est d'autant plus intéressant dans nos bosquets, à l'automne, qu'il a des variétés à fruits rouges, d'autres à fruits bleus , à fruits jaunes et à fruits violets.

Fructification des Caprifoliacées :

La belle famille des Chèvrefeuilles a aussi maintenant toutes ses espèces en fruits, avec beaucoup de variétés de couleurs : le Sureau commun, à fruits bacciformes noirs , le Sureau à grappes à fruits rouges ; le Chèvrefeuille Xylosteon , *Lonicera xylosteum* L., qui forme buisson et qui a des variétés à fruits rouges, noirs et blancs ; le Ch. des Alpes qui a des fruits rouges comme de petites cerises ; la Symphorine à grappes, *Lonicera symphoricarpos* L., dont les fruits d'un beau blanc feront un bel effet jusqu'aux gelées.

Au commencement de septembre, on fait dans notre province la récolte du Millet, avant que la plante soit entièrement jaunie. Cette récolte était autrefois beaucoup plus abondante. Je ne sais d'où vient la diminution.

4. *Ephémérides zoologiques.* — L'ouverture de la chasse est annoncée pour le 4 septembre. Malheur aux bêtes fauves et aux oiseaux de passage !

En même temps, les Palmipèdes et les Echassiers qui ont leur station d'été dans les marais des bords de la Meuse ou du Rhin s'apprêtent à partir. Les Cigognes blanches ont donné le signal; mais elles ne se montrent guère dans la Moselle. Elles ne traversent notre département que par hasard, lorsque, par exemple, une troupe s'est égarée, ce qui arrive quelquefois par l'effet du mauvais temps.

Ainsi, au commencement de septembre 1833, plusieurs centaines de Cigognes s'abattirent dans les bois, entre Gorze et Rezonville. Elles venaient probablement de la Hollande et s'étaient engagées dans les vallées de la Meuse ; elles finirent par se perdre.

Ces oiseaux, dit-on, étaient si fatigués , qu'on en a tué ou pris à la main plus de quarante.

LII.

(Septembre 8-14.)

1° *Ephémérides astronomiques.*

	SOLEIL.			LUNE.	
JOURS.	Lever.	Coucher.	JOURS.	Lever.	Coucher.
8 dim.	5h.27m.	6h.27m.	10	3h 22m	—h —m
9 lun.	5 29	6 25	11	4 3	0 41 M.
10 mar.	5 30	6 23	12	4 40	1 36
11 mer.	5 31	6 21	13	5 13	2 35
12 jeu.	5 33	6 19	14	5 43	3 37
13 ven.	5 34	6 17	15	6 11	4 41
14 sam.	5 36	6 15	16	6 39	5 47

Le 8 septembre, la durée du jour est de 13 h.

Phases lunaires :

1ᵉʳ oct. le 11. — P. L. le 14, à 0 h. 43 m. mat.

Pendant la nuit du 13 au 14, éclipse partielle de lune. Entrée de la lune dans l'ombre à 11 h. 7 m.

Milieu de l'éclipse à minuit 36 m. Grandeur de l'éclipse, 69,00 du diamètre.

---

2. *Ephémérides météorologiques.* — A l'époque des brouillards, on voit voltiger dans l'air des filaments blancs et légers, semblables à des toiles d'araignée. Des physiciens avaient pensé que c'était là un phénomène purement météorologique, effet de l'évaporation de la rosée après le lever du soleil. Mais pourquoi cette rosée se trouvait-elle transformée en filaments? ils ne le disaient pas La question n'est plus douteuse. D'après Cuvier, ces filaments ne sont autre chose que des toiles de jeunes araignées, spécialement du genre *Epeira.* Vous avez pu voir quelquefois, par une belle matinée de septembre, une plaine entièrement couverte d'un millier de petites toiles d'araignées tendues horizontalement sur les herbes et surchargées de la rosée de la nuit. Quand, après le lever du soleil, cette rosée se résout en vapeur et s'élève dans l'air avec la tension qui lui est propre, elle entraîne avec elle tous les réseaux subtils qui en étaient imprégnés ; des observateurs ont suivi les filaments dès le moment de leur départ, et d'autres ont recueilli dans l'air des flocons blancs qui renfermaient plusieurs petites araignées vivantes.

Le vulgaire, sans remonter à la cause, nomme ce phénomène Fil de la Vierge, Fil de Notre-Dame, a raison de la fête de la Nativité qui arrive le 8 septembre.

Observations faites à **Metz** en **1848**, à midi.

JOURS.	BAROM. maximum.	THERMOM.	VENTS. à midi.	ÉTAT DU CIEL.
—	—	—	—	—
8	746 00mm	24,0	O.	Nuages.
9	747,00	20,0	O. S. O.	Id.
10	744,00	22,0	S. O.	Id.
11	741,00	15,5	O. S. O.	Pluie.
12	752,00	14,0	N. N. O.	Nuages.
13	752,00	16,0	E.	Id.
14	751,00	13,5	N. O.	Pluie.

3. *Ephémérides botaniques.* — A dater du jour où
les fleurs purpurines du Colchique automnal commencent à se montrer dans les plaines, il n'y a plus de floraisons nouvelles parmi nos plantes indigènes. Mais
dans les jardins d'agrément une foule de plantes étrangères donnent des fleurs au mois de septembre. C'est
même une des industries des jardiniers de savoir, par
une culture bien entendue, préparer pour l'automne des
bouquets variés et de brillants parterres. C'est surtout
la famille des Composées qui se distingue alors, à commencer par les nombreuses variétés de Dahlias, auxquelles se joignent différentes espèces d'Astères, de
Coréopsis, de Rudbeckias, de Verges d'Or. Des plantes
annuelles semées au mois de juin, ou même en juillet,
font honneur aux plates-bandes: Pavot, Clarkie, etc.
Les Pétunies continuent de former des corbeilles magnifiques.

Récolte des Fèves et des Féveroles.

La Fève de marais, *Faba vulgaris* L., originaire de
l'Orient, est cultivée dans la Moselle comme plante potagère; elle a des graines très-larges que les jardiniers
ont appelées *Orteils de Chartreux*. Mais malgré les

avantages que cette plante présente, la grande culture
ne l'a pas adoptée ; les agriculteurs lui préfèrent la Fè-
verole, espèce plus petite qu'on appelle *Faba equina*,
parce qu'elle sert à la nourriture des chevaux.

Fruits à noyau et à pépins.

Il n'y a plus guère d'Abricots, mais voici le beau
moment des Pêches et des Reines-Claudes. Les Poires
que l'on cueille en septembre sont spécialement les
Beurrés, les Bergamottes et les Bons-Chrétiens d'été.

En fait de Pommes, on a la Reinette jaune et la Calville blanche.

Pleine maturité du Houblon ; les écailles des fleurs
passent de la couleur verte à des nuances brunâtres et
se couvrent d'une poussière jaune. On sait que dans
plusieurs cantons le Houblon est cultivé en grand pour
la fabrication de la bière.

La récolte la plus précieuse est celle de la Pomme de
terre. Je ne dirai pas comment on extrait les tubercules ;
c'est une opération bien connue. Puisse la terrible maladie ne plus reparaître !

Je me contenterai de faire ici une petite observation
sur les noms vulgaires qui ont été donnés à cette plante
américaine. Son nom botanique, *Solanum tuberosum*,
a toute la perfection linnéenne. Mais Pomme de terre !
Est-ce que c'est le fruit d'un Pommier ? d'un Pommier
de terre ? Remarquez que le nom allemand *Erdapfel* a
la même signification, et que le mot *Grombire*, employé quelquefois vient de *Grundbirn* et signifie *Poire
de terre*, ce qui n'est pas plus juste. En vain a-t-on
voulu honorer comme un bienfaiteur du genre humain
M. Parmentier, en donnant son nom à la plante qu'il

avait tant contribué à propager en France ; les jardiniers vous montreront de belles fleurs qu'ils appellent *Wachendorfia, Beschorneria* ; ils se sont familiarisés avec les noms grecs les plus étranges, mais le nom de *Parmentières* n'a pas réussi dans le langage vulgaire des agriculteurs.

4. *Ephémérides zoologiques.* — Nous avons dit que c'était la Cigogne qui donnait ordinairement le signal du départ aux oiseaux de passage dès le commencement de septembre. Une espèce qui la suit de près, c'est la Grue, *Grus cinerea* L., qui vient aussi des plaines marécageuses du Nord, où elle se nourrissait comme elle de reptiles. On en voit quelquefois de longs triangles dans les airs au milieu de septembre ; ces curieuses caravanes se rendent en Afrique pour y passer l'hiver.

Départ des Cailles, *Coturnix europœa* Cuv. Ces oiseaux bien connus, qui passent la belle saison dans nos provinces comme dans la plus grande partie de l'Europe, s'apprêtent à partir avant la mi-septembre, et comme les colonies du Nord passent aussi successivement, elles viennent en grand nombre tomber sous les coups des chasseurs. Les légions qui ont pu leur échapper ont leur rendez-vous en Provence. Elles choisissent un vent favorable, pour traverser la Méditerranée. Elles s'arrêtent dans les îles, s'abattent sur les vaisseaux ; il en est qui tombent dans la mer épuisées par la fatigue. En Morée, elles arrivent dans le courant de septembre, et si fatiguées que les habitants en font une abondante provision.

On a remarqué que les jeunes Cailleteaux renfermés

dans des cages dès leur naissance manifestent au mois de septembre de l'inquiétude et qu'ils s'agitent, comme s'ils sentaient que c'est l'époque de leur migration.

Les mauvais payeurs, dit-on, sont contents de voir partir les Cailles ; car elles ne cessent de dire : *Paye tes dettes !* Ces mots représentent assez bien le cri qu'elles font entendre.

Départ des Rossignols, des Coucous et des Pigeons Ramiers. On ne connaît pas bien leur séjour d'hiver.

— Diptères. Les Cousins sont quelquefois très-importuns pendant les belles soirées d'automne. C'est qu'au milieu de septembre leurs larves qui vivaient dans les étangs et dans les eaux croupissantes achèvent leur métamorphose. Il est curieux de voir les dépouilles de la nymphe servir de gondole à l'insecte parfait. Mais il sent qu'il a un panache et des armes, et il entonne sa fanfare menaçante. En Provence, on est obligé de s'environner la tête d'une cousinière comme d'un rempart, et sur les bords marécageux du Mississipi, les Maringoins se sont rendus célèbres ; c'est un véritable fléau. Ceci soit dit pour nous consoler des petites importunités de notre bon climat.

— Lépidoptères. Apparition dans les champs de pommes de terre du Sphinx *Atropos* ou *Tête de mort*. Il entre quelquefois le soir dans les appartements, et fait entendre un petit cri, c'est le seul des Lépidoptères qui ait une voix. Les autres Sphinx deviennent rares, mais leurs chenilles vertes et munies d'une corne sont nombreuses ; elles vont s'enfoncer dans la terre pour s'y mettre en chrysalide, et elles y resteront jusqu'à la belle saison.

LIII.

(Septembre 15-21.)

1° *Ephémérides astronomiques.*

	SOLEIL.			LUNE.		
JOURS.	Lever.	Coucher.	JOURS.	Lever.		Coucher.
15 dim.	5 h.37 m.	6 h.13 m.	17	7^h 7^m S.		6^h 55^m M.
16 lun.	5 38	6 11	18	7 36		8 5
17 mar.	5 40	6 8	19	8 8		9 16
18 mer.	5 41	6 6	20	8 44		10 26
19 jeu .	5 43	6 4	21	9 26		11 55
20 ven.	5 44	6 2	22	10 15		0 41 S.
21 sam.	5 46	6 0	23	11 12		1 42

Phases lunaires :

Le 18, 3e octant. — D. Q. le 21, à 3 h. 18 m. mat.

Constellations :

Le soleil a quitté le Lion ; il s'avance maintenant
dans la Vierge. Donc on chercherait en vain ces deux

constellations pendant la nuit. C'est pendant le jour qu'elles parcourent le ciel, cachées par les splendeurs du soleil.

Cependant voici l'époque où les plus belles constellations vont se montrer pour briller pendant les mois de l'automne et de l'hiver. Déjà Sirius est près de l'horizon vers le midi ; et c'est Orion qui nous le fera trouver : le baudrier, c'est-à-dire les trois étoiles que le vulgaire appelle les *Trois Rois,* nous l'indiquera par sa direction. Sirius est la plus brillante étoile du ciel, peut-être parce qu'elle est la plus voisine de nous. Les astronomes ont calculé sa distance au moyen de sa parallaxe. La parallaxe n'est rien autre chose qu'un triangle dont la base représente la distance de la terre au soleil, et les deux autres côtés la distance de l'étoile. Il n'est pas nécessaire d'être un géomètre parfait pour comprendre comment les astronomes ont pu résoudre le problème. Ils ont trouvé que la distance de Sirius à la terre est trois millions de fois plus grande que celle de la terre au soleil. Ce chiffre étonne l'imagination, et néanmoins c'est peut-être la plus simple des découvertes merveilleuses qui ont été faites, ces derniers temps, dans les régions sidérales.

____

2. *Ephémérides météorologiques.*

Observations faites à Metz en 1848, à midi.

J.	BAR.	THERM.	VENTS	ÉTAT DU CIEL.
15	755,00	14.8	N.	Nuageux.
16	757,00	16.0	N. E.	Nuageux, brouill.
17	755,00	16.0	N. E.	Id. Id.
18	751,00	16.2	N. N. O.	Id. Id.
19	747,00	15.3	N.	Id. Id.
20	743 00	16.0	E.	Id. Id.
21	745,00	16.2	E.	Id. Id.

La matinée du 17, en 1848, eut un phénomène remarquable, une gelée blanche. C'est la plus voisine de l'été qui ait été observée. Ordinairement les gelées blanches ne commencent pas avant le mois d'octobre.

En 1867 nous avons eu, comme en 1848, un abaissement notable de température depuis la pleine lune jusqu'au 3ᵉ octant, et si le 17 nous n'avons pas eu de gelée blanche, il faut avouer que c'était un froid anormal. Cette correspondance des deux années du cycle de 19 années me semble une confirmation nouvelle du système Fouchy.

3. *Ephémérides botaniques.* — L'Amérique nous a fait présent de deux plantes économiques précieuses, qui occupent des terrains immenses et qui tiennent une place notable dans les travaux de septembre : c'est la Pomme de terre et le Tabac. Parlons un peu de cette dernière. Sous le nom de *Nicotiane* elle a immortalisé un homme auquel sans elle on ne penserait guère, M. Nicot, ambassadeur de François II en Portugal. Ce fut lui en effet qui, le premier, fit connaître en France l'usage qu'on pouvait faire de cette Solanée.

Faut-il, à cause de cette communication, l'inscrire sur la liste des bienfaiteurs de l'humanité, à côté de Parmentier? Au moins, disent les amateurs du cigare, serait-il convenable qu'on vît sa statuette figurer dans toutes les tabagies.

Aucune plante n'a excité autant d'enthousiasme dès son apparition. Indépendamment des jouissances qu'elle procure, on peut, disait-on, la regarder comme une panacée universelle ; soit en fumée, soit en poudre, elle dissipe les humeurs malignes, elle calme les douleurs de la fièvre, du rhumatisme, de la goutte ; elle est un préservatif de la peste et du scorbut, etc. Avec une telle vogue, il n'est pas étonnant que la culture de cette plante se soit prodigieusement répandue. Pour ne parler que du pays Messin, je lis avec étonnement qu'en 1625, une compagnie s'étant formée à Metz pour la culture en grand du tabac, tous les terrains vagues de la ville, y compris les fossés des fortifications, furent consacrés au tabac, et que, *extrà muros*, les meilleures terres du Val de Metz furent louées à grand prix pour la culture de cette plante ; depuis le Sablon jusqu'à Marly et la Horgne, et sur la rive gauche de la Moselle, depuis Longeville jusqu'à Vaux d'une part, puis depuis Plappeville jusqu'à Woippy et Marange, tout fut couvert des feuilles vertes et onduleuses de la *Nicotiana rustica.*

Dans beaucoup d'autres provinces, on remarqua le même engouement et il fut un moment où l'on put craindre que toutes les terres labourables ne fussent envahies par la culture de la plante en faveur. Dès lors l'usage du tabac devint général, et de toutes parts on se fit un besoin de le prendre soit en poudre, soit en fumée. Les priseurs dominèrent au Midi, les fumeurs dans le Nord et dans les régions maritimes. Le pays Messin qui se trouve dans une ligne mitoyenne eut des uns et des autres.

Aujourd'hui que les tabatières ont suivi les progrès du siècle, nous n'avons pas l'idée du cérémonial auquel se condamnaient nos bons aïeux pour jouir de la poudre précieuse. Chaque priseur était obligé de râper lui-même sa petite consommation à mesure qu'il en sentait le besoin ; il se servait à cet effet d'une petite râpe contenue dans une boîte élégante en ivoire ou en buis et terminée en coquille ; la prise tombait à l'extrémité. Le luxe bientôt s'en empara, les râpes furent ornées de ciselures, d'arabesques, de figures diverses, et les boîtes garnies de nacre, d'argent et d'or ; il y en avait qui étaient dignes de paraître à la cour. Mais qu'on s'imagine l'harmonie qui devait frapper les oreilles, dans les églises, dans les salons, partout : c'étaient des stridulations semblables au chant de la cigale, et je comprends la sévérité des pontifes qui défendirent alors de priser dans les églises.

Quant aux fumeurs, ils triomphaient partout, aussi bien que les planteurs. Mais bientôt des réactions se manifestèrent dans toute l'Europe, et elles méritent encore un peu d'attention.

Je ne parle pas du fanatisme qui fit d'abord opposition en Turquie ; si un Turc ayant été vu fumant du tabac fut conduit dans les rues de Constantinople avec une pipe qui lui traversait le nez, les chibouques d'aujourd'hui ont vengé cette rigueur jusqu'à faire envie aux Européens.

Je ne parle pas non plus de la guerre que des Anglais firent au tabac sous l'influence de Jacques Ier. Ce pédant couronné publia deux opuscules d'aussi grande autorité l'un que l'autre, le premier contre les papistes, le deuxième contre les fumeurs. « La fumée du tabac, disait-il, me donne l'idée des exhalaisons infernales. Si j'invitais le diable à dîner, je lui servirais une pipe de tabac.»

Une guerre plus sérieuse fut celle de quelques docteurs de la science médicale qui s'efforcèrent de démontrer les funestes effets du tabac fumé. Il y en eut d'abord qui prétendirent que le cerveau des fumeurs s'encroûtait d'une matière fuligineuse analogue à la suie de cheminée : plusieurs ouvrages savants furent publiés sur cette *crusta nigra*. Bref, voici l'énumération que fit le docteur Venner des mauvais effets du tabac fumé :

« Il dessèche le cerveau, obscurcit la vue, émousse l'odorat, nuit à l'estomac, empêche la concoction, trouble les humeurs, corrompt l'haleine, produit le tremblement, dessèche la trachée-artère, les poumons et le foie, vicie la rate et consume le sang. De plus il affaiblit les reins, égare la raison et frappe les sens de stupidité. »

Toutes les fulminations de la docte faculté ne venaient pourtant pas à bout de convertir les amateurs de la pipe, et des plantations toujours plus florissantes semblaient narguer la médecine. Une réaction plus efficace fut celle des cultures rivales. Rien n'est égal à cette émeute qui eut lieu à Metz en 1628, lorsque toutes les plantations dont nous parlions tout à l'heure furent impitoyablement arrachées par des attroupements furieux. Vous pouvez lire, dans la *Revue de l'Est* (1864), le récit émouvant de cette petite révolution, tracé par une plume plus accréditée que la mienne.

Des prohibitions eurent lieu dans plusieurs provinces pour sauvegarder la culture des céréales. Mais ce qui arrêta entièrement les plantations en France, ce fut le privilége accordé en 1674 à une Compagnie de commerce qui se chargea de fournir aux amateurs les tabacs superfins de la Havane , du Maryland , de la Virginie, etc.

Maintenant que les planteurs sont entrés dans une ère de liberté et que nous sommes à la veille de voir dans nos murs un grand établissement de tabac indigène, je me demande quelle serait la terreur des planteurs et des consommateurs, si après avoir gémi sur la maladie des Pommes de terre , ils entendaient retentir un jour ce mot fatal : *Maladie du Tabac!* Loin de nous cette appréhension! La fumée du tabac n'est-elle pas un spécifique employé pour guérir même les autres plantes? Jetons plutôt les yeux sur la prospérité de notre avenir. La manufacture qui va sortir de terre va donner plus d'importance à la Nicotiane et à l'art de s'en servir. Bientôt les cigares perfectionnés feront partie essentielle de la civilisation messine, et l'on pourra juger d'un homme par la manière dont il porte son cigare à la bouche. Qui sait? Le temps n'est peut-être pas éloigné où l'art de fumer un cigare sera le complément obligé d'une bonne éducation, et fera partie , comme la gymnastique , des examens que nos jeunes gens doivent subir. Alors une noble émulation s'emparera de tous les enfants de Metz. Mais qu'il me soit permis de le dire en finissant : jamais, sous ce rapport, nous ne pourrons atteindre à la perfection des Malgaches. Des voyageurs dignes de foi nous assurent qu'à Madagascar c'est une chose commune de voir qu'une mère, en suivant son chemin, porte son enfant sur ses épaules, de manière que la tête du poupon se trouve au-dessus de la tête de la mère , et ce qui est caractéristique, c'est que la mère, tout en cheminant, a la pipe à la bouche.... et le poupon aussi !

LIV.

(Septembre 22-30).

1° *Ephémérides astronomiques.*

SOLEIL.			LUNE.		
JOURS.	Lever.	Coucher.	JOURS.	Lever.	Coucher.
22 dim.	5 h. 47 m.	5 h.58 m.	24	—h —m	2h 37m S.
23 lun.	5 48	5 56	25	0 16 M.	3 25
24 mar.	5 50	5 53	26	1 25	4 6
25 mer.	5 51	5 51	27	2 37	4 42
26 jeu.	5 53	5 49	28	3 50	5 14
27 ven.	5 54	5 47	29	5 3	5 43
28 sam.	5 56	5 45	1	6 15	6 11
29 dim.	5 57	5 43	2	7 24	6 40
30 lun.	5 59	5 41	3	8 31	7 11

Le 22, la durée du jour est de 12 h. 11 m., elle n'est de 12 h. juste que le 25.

Phases lunaires :

Dernier octant le 25. N. L. le 27, à 11 h. 51 m. du soir, presque à minuit.

D'après les calculs de l'Observatoire de Paris, l'entrée du soleil dans le signe de la Balance a lieu le 23 septembre à 0,51 m. du soir. C'est le moment de l'équinoxe et le commencement de l'automne astronomique.

Le 23 septembre nous rappelle une date assez tristement célèbre. C'est le jour qui fut fixé, en 1793, pour le commencement de l'année républicaine, et où la Convention décréta l'adoption d'un nouveau calendrier. La Convention, qui avait fait table rase de toutes nos institutions, ne pouvait manquer de supprimer le calendrier grégorien. Un plan de calendrier avait été confié à Lalande, et cet astronome avait proposé de faire tous les mois égaux, de 30 jours, de les partager en trois décades chacun, à l'instar des anciens Grecs, puis d'ajouter à la fin de l'année cinq jours complémentaires.

Pour les dénominations, chose importante, on crut bien faire de s'adresser à un homme d'imagination. Fabre en fut chargé. Fabre, qui, après avoir gagné le prix de l'églantine aux jeux floraux, avait eu la fantaisie d'ajouter à son nom celui de cette fleur, et qui ensuite avait travaillé pour le théâtre, était tout à fait digne de cette fonction, et il s'en acquitta sans peine à la grande satisfaction de ses collègues ; l'idée générale en parut ingénieuse.

Le phénomène naturel le plus caractéristique de chaque mois servait à lui trouver son nom avec une même désinence pour les trois mois de chaque saison. Ainsi germinal, prairial, floréal furent les trois mois du printemps ; messidor, thermidor, fructidor, les mois de l'été ; vendémiaire, brumaire, frimaire, les mois de l'automne ; nivôse, pluviôse, ventôse, les mois de l'hiver. Quant aux noms de chaque jour de la décade, Fabre ne les chercha pas bien loin. Du mot latin *dies*, qui signifie jour, il forgea primidi, duodi, tridi, etc., jusqu'à décadi. Ces désignations avaient du moins l'avantage d'être à la portée des plus ignorants.

Le défaut capital de ce calendrier, c'est d'avoir été calculé sur la latitude et le méridien de Paris, avec la prétention de l'imposer aux autres nations, comme si la différence des climats ne faisait pas des noms de chaque mois autant de mensonges pour bien des pays.

Mais nous, qui nous occupons d'éphémérides naturelles, il faut dire un mot de l'annuaire soi-disant agricole qui fut joint au calendrier.

Cet annuaire, approuvé à l'unanimité par le Comité d'instruction publique, était l'œuvre de Romme, le régicide, qui proposa de substituer au nom des saints pour chaque jour le nom d'une plante, avec le nom d'un animal au quintidi, et le nom d'un instrument aratoire au décadi. C'est ce qu'il appelait AGENDA AGRICOLE.

Vous êtes peut-être choqué de cette substitution de noms ? Vous vous appeliez Charles, et, en cherchant au 4 novembre, vous trouvez, 13 brumaire, Topinambour. Vous vous appeliez Victor, et, au 21 juillet, vous trouvez, 2 thermidor, Bouillon blanc. Ainsi trouvez-vous au lieu d'Henri, Sauge ; au lieu d'Etienne, Chien ; au lieu de Marthe, Arrosoir.

Mais Fabre d'Eglantine, rapporteur du projet, vous dira, pour justifier son ami Romme, que vous n'êtes pas obligé de prendre les noms de l'annuaire, que, du reste, il a pris lui-même un nom de fleur, et que bien

des familles estimées portent des noms de plantes, d'a-
nimaux et d'instruments champêtres, et il vous citera
M. Dufrêne, M. Renard, M. Chevreuil, M. du Moulin.

Mais parlons sérieusement. C'est à titre d'Agenda
agricole que Romme inventa son annuaire. Or, quel est
l'agriculteur qui ne sera pas tenté de rire de pitié
quand on lui présentera cette liste de plantes? Pourquoi le nom d'une plante à tel jour? Est-ce la feuillaison
qu'on lui indique? Est-ce la floraison? Est-ce la fructification? Et comme à chaque genre de plantes le *Bon
Jardinier* indique un certain nombre d'espèces différentes, il faudrait savoir de laquelle il est question. Je
trouve au 5 prairial, Canard ; au 5 frimaire, Cochon :
pourquoi ces indications? Je comprends qu'on indique
l'arrosoir au mois de thermidor, le pressoir au mois de
vendémiaire, la hotte au mois de fructidor ; mais, en
vérité, à quoi bon cette nomenclature?

L'année se terminait, avons-nous dit, par les cinq
jours complémentaires, et là nos législateurs donnaient
au lieu des noms de plantes ou d'animaux cinq fêtes,
sous le titre de sans-culotides. Le cynisme de cette dernière idée eût suffi pour jeter le discrédit sur toute l'entreprise.

Napoléon Iᵉʳ, à peine empereur, songeait à faire ces-
ser un ordre de choses qui joignait l'odieux au ridicule,
et il parut un sénatus-consulte qui rétablissait le calendrier grégorien à partir du 1ᵉʳ janvier 1806.

---

2. *Éphémérides météorologiques.* — Avec le mois de

septembre se termine la belle saison dans notre pays : on connaît le proverbe :

A la Saint-Michel,
La chaleur monte au ciel.

Observations faites à Metz en 1848, à midi.

JOURS.	BAROM. maximum.	THERMOM. —	VENTS. à midi.	ÉTAT DU CIEL.
22	743 00mm	21,0	S. S. E.	Brouillard.
23	741,00	22,2	S. S. E.	Id.
24	734,00	16,0	S. S. E.	Pluie.
25	734,00	16,0	N. N. E.	Beau.
26	746,00	17,5	S. E.	Pluie.
27	739,00	18,0	N.	Nuageux.
28	737,00	15,0	O. N. O.	Pluie.
29	740,00	17,2	S. S. E.	Orageux.
30	744,00	17,0	S, S. E.	Pluie.

Remarquez le 24, abaissement simultané du baromètre et du thermomètre. Ordinairement quand l'un descend, l'autre monte.

Complétons cette semaine les observations que nous avons faites sur la correspondance du cycle de 19 ans.

3. *Ephémérides botaniques.* — Pleine floraison des plantes automnales. Outre les Bengales et les Dahlias qui continuent à avoir l'honneur des parterres, les jardiniers se plaisent à montrer plusieurs autres fleurs qu'ils ont eu l'art de préparer pour l'arrière-saison : la Sauge éclatante et la Lobélie cardinale d'un rouge ponceau, les Hémerocalles du Japon, les unes de la blancheur du Lis, les autres d'un beau bleu, les variétés toujours nombreuses des Asters et des Chrysanthèmes ; les Chrysanthèmes de la Chine commencent seulement à briller, mais elles brilleront jusqu'aux gelées, et même au delà, dans les appartements.

Une curiosité de la fin de septembre, c'est une seconde floraison de quelques plantes printanières : Saxifrages de Sibérie, *Potentilla verna*, *Vinca major*, *Coronilla Emerus*, *Glycine sinensis*, *Cornus sanguinea*, *Vibernum Opulus*, etc.

Mais la plupart des fleurs estivales commencent à se flétrir et à disparaître, les tiges qui les portaient se dessèchent, et les parterres qui se couvrent de feuilles jaunissantes, semblent nous donner un avertissement.

« Les hommes passent comme les fleurs qui s'épanouissent
« le matin, et qui, le soir, sont flétries et foulées aux pieds...
« Toi-même, ô mon fils, qui jouis maintenant d'une jeunesse si
« vive et si féconde en plaisirs, souviens-toi que ce bel âge
« n'est qu'une fleur qui sera presque aussitôt séchée qu'éclose.»

Fénelon. Télém. 19.

---

4. *Ephémérides zoologiques.*—Grande migration des oiseaux. Il est difficile de distinguer le moment du départ. Mais vous avez peut-être vu par hasard, sur les toits, l'assemblée générale des Hirondelles, vous avez vu leur agitation, comme si elles craignaient que quelqu'une de leurs sœurs ne manquât à l'appel. Puis elles ont pris leur vol pour leur long voyage.... Elles reviendront au printemps, elles retrouveront chacune la même maison, la même fenêtre, le même nid.

Où vont-elles? C'est une question curieuse qu'on se fait souvent. Un habitant de Bâle, dit-on, ayant attaché à une Hirondelle un collier sur lequel il avait écrit :

Hirondelle,
Qui es si belle,
Dis-moi, l'hiver, où vas-tu ?

reçut le printemps suivant et par le même courrier, cette réponse à sa demande :

A Athènes,
Cher Antoine,
Pourquoi t'en informes-tu ?

La réponse a été fabriquée à Bâle aussi bien que la demande. Ce qui est certain, c'est que les Hirondelles ne passent pas l'hiver à Athènes ; elles étaient, pour les Grecs aussi , les messagères du printemps. Notre savant ornithologiste, M. Alfred Malherbe, assure en avoir vu qui séjournaient en Sicile ; mais ce ne peut être que par exception : elles ne restent pas plus en Sicile qu'en Grèce, et tous les ans elles traversent deux fois la Méditerranée. Des naturalistes qui ont observé avec curiosité leur voyage d'outre-mer , nous ont tracé leur itinéraire avec précision. Leur première station d'Afrique est dans les Etats de Tunis et de Tripoli. Après un séjour assez court, elles se séparent en deux colonnes pour éviter le grand désert de Sahara. La première se dirige vers l'Orient, traverse l'Egypte et l'Abyssinie , et s'arrête au Zanguebar ; la seconde traverse le Maroc et la Sénégambie et s'établit dans la Guinée et le Congo.

Mais que croire de cette opinion très-répandue qu'on trouve pendant l'hiver des Hirondelles engourdies et même tombées dans l'eau ? Les naturalistes prétendent que si le fait est vrai, il ne peut regarder ni l'Hirondelle de fenêtre, *Hirundo urbica*, ni l'Hirondelle de cheminée, *H. rustica ;* que tout au plus l'Hirondelle de rivage, *H. riparia*, qui fait son nid le long de certaines rivières à berges escarpées, a pu quelquefois par hasard rester engourdie dans les trous , mais que c'est un fait accidentel qui ne permet pas d'assimiler les Hirondelles aux animaux hivernants, et encore moins de supposer, contre toutes les lois de la physiologie, qu'elles puissent vivre après un long séjour dans l'eau. Voici un fait qui peut prouver la possibilité d'un demi-engourdissement de l'hirondelle de rivage.

Pendant l'hiver de 1862, une portion de falaise s'étant détachée et étant tombée dans la mer à Sainte-Marie-du-Mont (Calvados), on vit s'envoler de la partie mise à nu plusieurs centaines d'hirondelles de rivage , qui étaient restées engourdies dans leurs trous, et qui, sortant à grande peine de leur torpeur, se mirent à chercher d'autres retraites.

Des faits analogues ne pourraient-ils pas avoir lieu le long des berges de la Moselle ?

FIN.

Metz, imprimerie V. MALINE.